畜禽养殖主推技术丛书

蛋鸡养殖
主推技术

U0320874

白元生　刘长春　主编

中国农业科学技术出版社

图书在版编目 (CIP) 数据

蛋鸡养殖主推技术 / 白元生，刘长春主编 . — 北京：中国农业科学技术出版社，2013.5

（畜禽养殖主推技术丛书）

ISBN 978-7-5116-1221-2

Ⅰ．①蛋… Ⅱ．①白… ②刘… Ⅲ．①卵用鸡 – 饲养管理 Ⅳ．① S831.4

中国版本图书馆 CIP 数据核字 (2013) 第 039913 号

责任编辑	闫庆健　胡晓蕾
责任校对	贾晓红

出 版 者	中国农业科学技术出版社
	北京市中关村南大街 12 号　　　　邮编：100081
电　　话	(010) 82106632（编辑室）　(010) 82109704（发行部）
	(010) 82109709（读者服务部）
传　　真	(010) 82106625
网　　址	http://www.castp.cn
经 销 商	各地新华书店
印 刷 者	北京顶佳世纪印刷有限公司
开　　本	787 mm × 1 092 mm　1/16
印　　张	9.25
字　　数	219 千字
版　　次	2013 年 5 月第 1 版　2013 年 5 月第 1 次印刷
定　　价	39.80 元

编委会

鸡蛋是非常重要的菜篮子产品，蛋鸡养殖是我国畜牧业的支柱产业之一。改革开放以来，我国蛋鸡产业从散养向适度规模化、专业化过渡。鸡蛋产量不断攀升，产业结构不断优化，竞争能力明显增强。据行业统计，2011年全国禽蛋产量达2811.4万吨，年存栏500只以上蛋鸡规模化养殖比重达到79.99%，比2010年提高了1.18个百分点。但是，我国蛋鸡产业仍然存在小规模养殖比例高、选址和布局不科学、饲养管理不规范、疫病控制能力不强、粪污无害化处理滞后、生产效率不高等问题。

为了进一步推动蛋鸡标准化规模养殖，促进蛋鸡产业生产方式转变，加快科技成果转化，全国畜牧总站组织各省畜牧总站、高校、研究院所的专家20余人，经过会议讨论、现场调研考察等途径，深入了解分析制约我国蛋鸡产业健康发展的关键问题，认真梳理蛋鸡产业的技术需求，总结归纳了大量的蛋鸡养殖典型案例，从而凝练提出了针对不同养殖环节适宜推广的主推技术，编写了《蛋鸡养殖主推技术》一书。该书主要内容包括：品种与繁育技术，饲料与营养技术，生产与管理技术，场区建设与环境控制技术，洁蛋与蛋品加工、疫病防控及废弃物无害化处理技术，集成配套技术等6个方面37项主推技术。对于提高我国蛋鸡的标准化、精细化养殖水平，提升基层畜牧技术推广人员的科技服务能力，以及提升养殖者的劳动技能与生产管理水平具有重要的指导意义和促进作用。

该书图文并茂，内容深入浅出，介绍的技术具有先进、适用的特点，可操作性强，是各级畜牧科技人员和蛋鸡养殖场（户）生产管理人员的实用参考书。

参与本书编写工作的有各省畜牧技术推广部门、科研院校的专家学者，由于编写时间仓促，书中难免有疏漏之处，敬请批评指正。

编者

2013 年 4 月

Contents 目录

目录 Contents

Contents 目录

第一章 品种与繁育技术

第一节 地方优质鸡种质资源综合开发利用技术

一、概　述

我国地域辽阔，是世界上地方鸡品种资源最丰富的国家之一，长期以来，由于国外品种的引进以及盲目杂交，导致了我国地方鸡品种养殖数量锐减，有些品种甚至已经濒临灭绝。随着人们生活水平的提高，消费观念的转变，20世纪90年代以来，地方鸡消费表现出良好的趋势，成为我国养鸡业中独具特色的一个新兴产业。因此，做好地方鸡品种资源保护与开发利用工作，对调整养鸡产业长期可持续发展具有重要意义。

（一）我国地方鸡种质资源优势

我国从1976年开始对畜禽品种进行调查，《中国家禽品种志》上记载了27个地方鸡品种，这些品种具有遗传多样性丰富、耐粗饲、鸡蛋品质好、肉质好、抗逆性强等特点。

（二）我国地方鸡种开发利用现状

早在20世纪六七十年代，我国各地就开展了地方鸡种保种与利用的科研生产工作。1980年代初，利用地方鸡种资源培育成功的新鸡种有新浦东鸡、郑州红鸡、新扬州鸡、广黄鸡、贵农金黄鸡和贵州黄鸡等。目前我国对于地方鸡种的利用主要体现在：进行选育固定优良性状提高生产性能；利用地方品种与外引良种的差异进行经济杂交，获得互补优势与杂种优势；利用一些具有特异性状的地方品种作为培育新品种和品系的珍贵材料。

（三）我国地方鸡种质资源开发和利用中存在的问题

1. 鸡品种选育开发滞后

近年来，由于我国的地方品种类别较为繁多，资金利用分散，很难大规模地对每一个地方品种都进行系统的的选育开发，所以造成我国的大多数家禽品种仍处于较为原始的状态，不能形成优质高产的品种并加以推广。

2. 受外来鸡种的冲击较大，品种无序杂交

20世纪80年代以来受引进外来高产家禽品种的影响，某些地方鸡种逐渐被培育品种或杂交品种所取代，导致我国地方鸡种的饲养规模缩小，数量呈现急剧下降的态势。另外，在一些地方，盲目地、无计划地进行品种间的杂交，使得纯种地方鸡品种数量越来越少，严重地破坏了地方鸡品种的遗传多样性。

3. 生产经营方式落后

目前，我省地方鸡种的养殖模式主要是农户散养，生产经营方式落后，与市场接轨不

完善。近年来虽逐渐发展起来一些民营家禽企业，但是，技术力量有限，资金实力薄弱，难以对地方鸡种的资源进行有效地开发利用。

4. 种质资源保护方式单一

目前，地方良种资源的保护，主要靠活体保护，各地的保种场由于受到资金、技术、管理条件的制约，对地方鸡种的保护难度很大。

（四）开发利用我国地方鸡品种资源的措施和方法

1. 开发利用的同时要注重品种资源的保护

要正确认识我国地方鸡品种资源在现代家禽产业中的作用，做到有计划合理地开发利用。地方鸡品种资源的丢失，同时也是家禽育种素材的的损失，可能对未来家禽育种带来不利的影响。对地方鸡品种资源潜在优势的开发，可以在利用中达到动态保种的目的。

2. 加大资金投入，建立良种繁育基地

大多地方鸡品种相对生长速度慢、产蛋量少，饲养成本高，见效慢，难以实现集约化大规模饲养，因此，对地方鸡品种的保护、选育和开发利用都需要政府的参与指导和必要的资金投入。组织专业技术研究人员，建立地方鸡品种资源库和适宜的繁育体系，开展地方鸡品种的选育提纯和专门化品系的培育工作，有计划地开展杂交对保护地方鸡种是很有必要的。

3. 充分利用具有经济价值的优良性状，加强技术研发

开发的目的是把地方品种资源优势直接转化为商品优势，生物工程技术的飞速发展和现代遗传育种理论的完善，为地方鸡品种的保护、选育和开发利用提供了新的机遇和有效的技术手段。QTL 定位、标记辅助选择（MAS）等将有助于在分子水平上揭示种质特性和遗传结构，从而大大提高对地方鸡品种的利用效率。

二、我国地方鸡开发利用特点

（一）实行开发性保种

加快地方鸡种的开发利用步伐，变地方鸡种的资源优势为商品经济优势，逐步形成产业化。对生产性能较低的品种，应考虑引进优良遗传资源进行杂交改良，合理建立杂交繁育体系；对尚未表现出独特性能且受威胁的品种，需采取原地保护和异地保存相结合的方法。

（二）利用现代生物技术保种

在做好地方鸡品种资源活体保护的同时，应依靠现代生物技术运用诸如胚胎保种、细胞保种、基因保种等新途径的保种方式，降低成本，更有效且全面地保存地方品种的遗传资源，对现有品种进行生物技术品种资源保护，是地方鸡种保种工作的努力方向。

（三）培育壮大龙头企业与合作社，促进产业发展

应培育和发展辐射面广，带动能力强的龙头企业，促进地方鸡品种的产业化，龙头企

业与养殖户"利益共享，风险共担"，全程为农户提供信息、技术和售后服务，提高养殖户的比较效益。同时，各地政府要把培育壮大龙头企业作为畜牧产业化的发展核心，加强管理，使其充分发挥龙头企业在产业化中的作用。

（四）实施品牌战略，拓宽销售渠道

以浙江仙居鸡为例，其肉用系培育开发的"仙黄牌"仙居三黄鸡多次获中国国际农博会名牌产品，浙江省农博会金奖，2003年"仙黄牌"仙居三黄鸡被浙江省名牌产品认定委员会认定为浙江省名牌产品，这在一定程度上对地方鸡种的保护起到积极的作用。因此，在我国各地的地方鸡品种的保护开发中应创立自己的品牌，加强宣传促销力度，提高地方鸡品种的知名度，扩大销售网络，做大产业，提高各自地方鸡品种在大中城市的市场占有率。

三、我国地方鸡开发利用成效

为使我国丰富的地方鸡品种资源优势转化为经济优势，近20年来，我国的地方鸡开发利用取得了长足的进步，全国各地运用现代育种技术和手段，选育了一大批专门化品系和新品种，涌现了一批由育种、生产、加工企业为一体的畜禽资源开发利用模式，使许多优质地方鸡品种的优良性状得以保持，生产性能有了较大提高。

山东省农业科学院家禽研究所以优良地方鸡种为素材，先后培育出"817"小型优质肉鸡、"鲁禽99"优质肉鸡、鲁禽1号麻鸡配套系和鲁禽3号麻鸡配套系等优良品种，其中鲁禽1号、3号麻鸡配套系通过国家品种审定，该品种为长江以北首个具有自主知识产权的优质肉鸡新品种。

江苏省家禽科学研究所在多年研究我国地方鸡开发利用的基础上，利用地方鸡种某些独特的质量性状，进行定向选育，培育专门化品系，先后开发推广了青壳蛋鸡、丝毛乌骨鸡、优质黄鸡等地方鸡品种，并以江苏省著名鸡种鹿苑鸡的开发利用为始点，实施品牌战略，运用工业化生产方式组织地方鸡种，实现社会化、标准化大生产。

江西农业科学院畜牧兽医研究所在泰和丝羽乌骨鸡及崇仁麻鸡等地方鸡种中导入矮小基因、隐性白基因，采用品系配套等现代育种手段，先后育成了这两个地方鸡种的改良型配套系，取得了显著的社会经济效益，为江西地方鸡品种的合理保存与开发利用开辟了新思路，尤其在崇仁麻鸡的配套利用方面，取得了重大成就。

四、典型案例——崇仁麻鸡优质蛋鸡的杂交配套

利用崇仁麻鸡（图1-1和图1-2）与引进的海赛克斯蛋鸡、罗斯蛋鸡、依萨蛋鸡、北京白鸡等品种进行杂交组合筛选，然后将筛选出的优良组合进行横交固定，培育配套品系，再利用培育的配套品系进行二系和三系配套生产商品蛋鸡。通过杂交组合筛选和横交固定，培育出了小型蛋鸡品系S系、中型蛋鸡品系H系、R系和W系。其中S系、H系、R系为褐壳蛋（500日龄产蛋量达到229.30个），W系（料蛋比为2.56:1）为粉壳蛋。利用崇仁麻鸡资源培育的配套品系，产蛋量均比当时崇仁麻鸡原种鸡要高，而且蛋品质良好；以小型蛋鸡品系S系为母本，以中型蛋鸡品系H系、R系和W系为父本，进行二系和三系

配套。设置二元杂交配套组3个，即H×S、R×S、W×S；三元杂交配套组6个，H×（R×S）、H×（W×S）、R×（H×S）、R×（W×S）、W×（H×S）、W×（R×S）。各组合从育雏到产蛋期末培育条件和饲养管理均相同，0～60日龄公母混养，60～120日龄公母分群饲养，营养水平为：0～60日龄代谢能为每千克体重11.93兆焦、粗蛋白质18.5%；61～140日龄代谢能为每千克体重11.51兆焦、粗蛋白质14%；产蛋期代谢能为每千克体重11.93兆焦，粗蛋白质15%～15.5%。二系配套组合以W×S为好，500日龄产蛋量达237.63个，平均蛋重53.44克；三系配套组合以H×（W×S）最佳，平均产蛋量达到240个，平均蛋重54.89克；500日龄产蛋量分别比崇仁麻鸡原种提高55.18个和58个。而且体型小，体重比国外蛋鸡品种轻20%～25%，并适宜在农村饲养条件下饲养（图1-3和图1-4）。

图1-1 崇仁麻鸡

图1-2 崇仁麻鸡（笼养）

图1-3 鸡舍概况

图1-4 鸡舍内部

（韦启鹏）

第二节 重庆优质地方鸡种质资源综合开发利用技术

一、概 述

重庆优质地方鸡具有肉质风味好、耐粗饲和适应性强的优点，除被列为国家优良地方品种保护的城口山地鸡、大宁河鸡外，还有南川鸡等。

（一）合理进行种质资源保护

1. 划定优质地方鸡种质资源保护区

选择具有天然屏障、生态条件好、传统饲养主产区建立种质资源保护区，并设定保护标志。在保种区采取行政和技术相结合的综合措施，严禁引进其他外来品种，严防群体混杂，以保持种群质量；对农户选育的鸡进行登记、造册、建立档案；在保护区内以发展专业养殖大户为载体，千家万户为依托，建立养鸡协会，制定协会章程、选育技术方案，开展技术培训，业务技术人员参与指导，开展选优去劣（杂）的选育工作，从而促进遗传资源保护和品种的扩繁、数量的增加。

2. 建立核心保种场

在核心保种区内，选择实力强的养殖大户，挂牌建立"资源保护育种场"，或引进业主建立核心保种场。保种场带动扩繁户进行资源保护，承担保种和向保护区提供鸡苗的工作。

3. 政策扶持

为加快品种资源的保护和选育，政府及职能部门出台有关保种扶持政策，同时制定《优良地方鸡种场建设标准》，并要求严格按照标准进行建设，验收合格的种鸡场可享受相关的扶持政策，以提高养殖户保种和选育的积极性。

（二）合理进行资源的开发利用

1. 完善良繁体系

通过划定核心保护区、建立保种场的方式，建设形成"原种场＋市级种鸡场＋县级种鸡场＋保种户"的多层次品种保护繁育体系，并逐步完善品种繁育体系，提高供种能力。

2. 夯实产业基础

以核心保种区养殖户为基础，保种场和扩繁户带动规模养殖户的方式发展商品鸡养殖；选择适宜的发展模式，规范养殖场育雏育成舍、种鸡舍等基础设施建设；配套相应齐全的生产设备，加强养殖技术的培训，提高养殖人员的技术水平，夯实产业基础，保障优良地方鸡种健康发展。

3. 完善产业链条，积极支持企业带动产业发展

遵循"企业主导、社员主体、政府支持"的原则，通过建立生产基地、成立合作组织、发挥龙头企业作用，大力推进地方鸡资源的综合开发利用。在企业的带动下，通过"六

个统一"（统一鸡苗来源、统一饲料品牌、统一技术服务、统一饲养方式、统一防疫保健、统一产品销售）实现从育种、供种、服务到产品回收、销售的产业化开发；形成"公司＋基地＋合作社＋农户"的产业发展模式，逐步完善产、供、销、加的"全产业链条"。使龙头企业和农户形成利益共同体，风险共担，利益共享，保障优质地方鸡产业健康发展。

4. 集成生产技术

组装集成适合当地生态环境条件的地方鸡规模养殖配套技术，广泛应用于生产实际，提高标准化生产水平，生产无公害优质地方鸡产品，增加养殖效益。

5. 打造特色品牌

按照走"绿色、有机、无公害"农产品发展思路，发展生态养鸡业。内抓品质，外树品牌，开展农产品质量追溯管理，真正做到优质地方鸡生产有记录、信息可查询、流向可跟踪、质量可追溯、责任可追究，以品牌带动产业发展。

6. 健全市场体系、多渠道探索营销方式

通过政府搭台、招商引资、展会宣传等方式拓展市场。在设置专卖店的同时，大力发展大型超市、农贸市场加盟店和餐饮直供店，不断扩大优质地方鸡产品的知名度；同时鼓励专业合作社、养殖大户、农村经纪人等积极开拓市场，形成多渠道销售格局。

二、特　点

（一）注重资源保护与利用结合

① 划定资源保护区、建立核心保种场，可最大限度保护重庆优良地方鸡种质资源。

② 坚持"生态为本、特色为魂、发展为要、民生为重"的发展理念。

③ 体现了"以品种保护为基础、核心保种区为重点、品牌打造为突破、市场开发为保障、保种和商品生产并重"的发展思路。

④ 按市场运作方式，实现资源的价值和效益最大化。

（二）国家、企业、农民共同参与资源的保护和开发

① 开发利用发展思路清晰、注重夯实产业基础。

② 通过出台保种扶持政策，提高养殖户保种的积极性，为产业做大做强增添了强大后劲。

③ 坚持以市场为导向、以农民为主体，积极培育龙头企业、农民专业合作组织等市场主体；通过资源保护与开发、利用有机结合，促进优质地方鸡产业健康发展。

④ 在企业的带动下，可形成"公司＋基地＋合作社＋农户"的产业发展模式，逐步完善产、供、销、加的"全产业链条"。

（三）注重品牌的培育与保护

① 通过"无公害、绿色、有机"的发展思路，"六个统一"的产业模式，开展农产品质量追溯管理，打造国内知名地方鸡品牌，让重庆优质地方鸡真正成为特色品牌。

② 抓好优质地方鸡品牌的申报和认证工作，使资源优势变为商品优势。

三、成 效

（一）有效保护了优质地方鸡种质资源

① 重庆市城口县、巫溪县和南川区分别划定了城口山地鸡、大宁河鸡、南川鸡的核心保种区，加强资源的保护和选育。

② 出台了相应的保种激励措施，提高了养殖户自发保种选育的积极性。

③ 建设了多个相应的原种场、扩繁场，基本形成了"原种场＋市级种鸡场＋县级种鸡场＋保种户"的多层次品种保护与繁育体系。

④ 重庆优质地方鸡数量逐年增加，有效地保护了种质资源。

（二）产业开发逐见成效

① 重庆市城口县、巫溪县和南川区均成功引进了龙头企业开发优质地方鸡产业，目前已经建成城口山地鸡种鸡场、大宁河鸡原种鸡场、南川鸡种鸡场。

② 在企业的带动下，"公司＋基地＋合作社＋农户"的优质地方鸡种质资源开发产业发展模式已经形成，产、供、销、加的"全产业链条"正逐步完善。

（三）品牌建设成效显著

① 通过走"无公害、绿色、有机"的发展之路，创立了重庆优质地方鸡特色品牌。

② 城口山地鸡、大宁河鸡均获得了无公害产地认证、国家农业部无公害农产品认证、地理标志证明商标等。

（四）市场体系更加健全

① 目前城口山地鸡、大宁河鸡均建有多家专卖店、加盟店、餐饮店。

② 大力发展了大型超市、农贸市场加盟店和餐饮店、直供店等。

四、案 例

1. 简介

城口山地鸡主产于重庆市城口县，属肉蛋兼用型优良地方鸡种，2009 年列入国家地方畜禽遗传资源保护名录，成为国家优良地方品种。

2. 保种概况

城口县重视城口山地鸡的保种选育及产业开发，县财政每年投入上百万元资金扶持城口山地鸡的发展，划定了核心保种区 6 个。目前，已建立 1 个原种场、3 个市级种鸡场、74 个县级种鸡场和多个生态养殖场；基本形成了"原种场＋市级种鸡场＋县级种鸡场＋保种户"的多层次品种保护繁育体系，常年存栏种鸡 50 万只以上，年提供种苗 900 万只以上（图 1-5 ～图 1-8）。

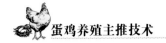

3. 产业开发情况

在政府引领下，已经形成"公司＋基地＋合作社＋农户"的产业发展模式，产、供、销、加的"全产业链条"逐步完善；冷储物流加工基地和原味鸡汤和风味鸡杂深加工项目已在建设中，城口山地鸡已成为推动城口全县农村经济发展的优势产业。

图 1-5 生态放养

图 1-6 市级种鸡场

图 1-7 城口山地鸡公鸡

图 1-8 城口山地鸡母鸡

（刘安芳）

第三节 林甸鸡种质资源综合开发利用技术

一、概 述

林甸鸡是我国地方优良鸡种之一，产于黑龙江省林甸县。1988年被列入《中国家禽品种志》，2003年被列入《中国畜禽遗传资源状况》，2007年被列入《黑龙江省畜禽遗传资源保护名录》。

（一）林甸鸡的外貌特征

林甸鸡体型中等大小，公鸡体重1.5～2.0千克，母鸡1.4～1.6千克。成年鸡体态优美，公鸡颈羽红色、尾羽和主翼羽为黑色、大镰羽深绿色、鞍羽和背羽为红褐色，腹羽黑色，鸡冠、肉髯、耳叶为红色，单冠直立，喙、趾及皮肤为黄色，胫为黄色或青色；母鸡颈羽多为黄麻色，深浅不一，尾羽和主翼羽是黑色、鞍羽和背羽是深麻色，腹部羽毛为浅黄色，头部肉垂、冠皆小，颜色红色，冠型多为单冠。眼大、红褐色虹彩。耳叶浅黄或白色。喙呈扁平状、黑褐色，喙、趾及皮肤为黄色，胫为黄色或青色。

（二）林甸鸡保种的技术路线

1. 种鸡核心群的选育

① 基础群前2～3个世代实行闭锁群随机交配繁殖，表型选择。

② 基础群经2～3个世代的闭锁群随机交配繁殖，待表型和外观相对纯合后，按照育种计划组建核心群进行家系选择。现已进行了2个世代的家系选择工作。现有保种群家系核心群种鸡2000只，育种群15000只。

2. 林甸鸡的选择测定指标

① 选育目标 蛋肉兼用型。主要选育性状：体型外貌；产蛋性状（开产日龄、产蛋数、蛋重、蛋品质）；产肉性状（体重和增重速度、屠宰性能、饲料转化率）；繁殖性状（公鸡的采精量、精液品质和受精率）；同时还要考虑生活力。

② 体型外貌的选择 分别在出雏、6周龄和120日龄时根据林甸鸡的体型外貌和羽毛颜色进行选择，淘汰不符合林甸鸡体型外貌特征的个体。

③ 产蛋性状的选择 要求母鸡进行单笼饲养，并做详细的产蛋记录。

开产日龄：详细记录每只鸡的开产日龄。产蛋数：与实际生产相吻合的产蛋数性状应该是72周龄产蛋数。由于产蛋数是一个累积数量，早期记录与完整记录是部分与整体的关系，它们之间的遗传相关较高（0.6～0.8），因此，实际育种中常将40周龄的累积产蛋数作为选择指标。蛋重：选择38～40周龄的产蛋鸡，连续测定该母鸡一周内所产的每枚蛋的重量，然后计算平均蛋重，用来估计整个产蛋期的蛋重。蛋品质：与蛋重进行同时测定，主要包括蛋壳强度、蛋白高度、哈氏单位、血斑和肉斑、蛋壳颜色等指标。

④ 产肉性状的选择 体重和增重速度：鸡只每2～3周龄进行一次称重，记录各周龄

体重并计算增重速度、根据体重和增重速度信息进行选留。(根据具体的体重测定结果，确定选留鸡只的体重范围)。屠宰性能:屠宰后测定屠体重、全净膛重(率)、半净膛重(率)，然后按照同胞选择的方法进行选择。饲料转化效率:对鸡只进行单独饲养，测定某一阶段其耗料量和增重，计算饲料转化率。或者以家系为单位集中饲养，测定家系的耗料量，然后对家系的平均饲料转化率进行选择。

⑤ 繁殖性状的选择 母鸡的繁殖性能选择按照产蛋性能中的产蛋数、蛋品质等指标进行选择;公鸡需在25周龄后，测定其采精量和精液品质，通过孵化测定公鸡的受精率，并结合其同胞的产蛋性能进行选择。

⑥ 生活力 分别测定育雏期和育成期的成活率，测定时注意区分死因，对遗传原因死淘较多的家系予以淘汰。

二、特点及成效

建立黑龙江省林甸鸡繁育体系。并进行明确分工，在进行林甸鸡地方品种保护的同时根据市场的需求开展开发利用工作。保种与开发并举确保林甸鸡这一优良地方品种的保护顺利进行。

(一)林甸鸡保种场(原种繁育场)

饲养林甸鸡保种核心群;进行林甸鸡的提纯和选育;为父母代种鸡场提供种鸡;负责父母代种鸡场的技术指导。

(二)父母代种鸡场

饲养林甸鸡父母代种鸡;为林甸鸡商品鸡饲养场(户)提供商品代种蛋或雏鸡。

(三)商品鸡饲养场(户)

饲养优质林甸鸡商品鸡(图1-9和图1-10)，有商品蛋供应市场。

(四)保种管理工作

① 人员配置 配置3方面的人员，即管理人员、技术员和工人。由县畜牧局选派合适的管理人员负责鸡场的管理工作;选派合适的技术人员全面负责现场技术工作;选择有责任心的工人养鸡，饲养员须经培训后方能上岗。

② 建立种鸡场防疫制度 饲养员及进场工作的其他人员一律换鸡场专用工作服进场工作，建立鸡场定期消毒制度。

③ 鸡群免疫 制定鸡群免疫程序，并由林甸县畜牧局防疫站监督执行。

④ 种鸡饲料 使用商品蛋鸡全价饲料。

⑤ 建立工作程序 建立种鸡饲养管理工作程序，指导饲养管理人员的日常工作。

⑥ 种鸡饲养管理技术方案 参照现代蛋鸡种鸡执行。

⑦ 种蛋的收集 每天收集种蛋4次。种蛋收集后入库前熏蒸消毒1次。种蛋保存温度为15℃。

⑧ 种蛋孵化 种蛋收集 10 天孵化一批。在没有自己的孵化厂前可在指定的孵化厂代孵化。孵化开机前进行再一次熏蒸消毒。

⑨ 种雏鸡的选择与标记 雏鸡出壳后应根据毛色及其他特征进行表型分类选择。并分别以翅号的形式加以标记。留种雏鸡应进行人工雌雄鉴别。选留公母比例为 1：4。

⑩ 雏鸡出厂前 雏鸡出厂前应注射马立克疫苗。

图 1-9 林甸鸡照片

图 1-10 林甸鸡原种场被评为全国蛋鸡标准化示范场

（唐志权）

第四节 大骨鸡种质资源综合开发利用技术

一、概 述

（一）品种简介

1. 品种特点

大骨鸡，原产于辽宁省庄河市及周边地区，是以体大、蛋大为突出特点的蛋肉兼用型地方良种，具有耐粗饲、耐寒、抗病力及适应性强等优良特性。觅食力强，摄食范围广，适合规模化放牧饲养或圈养。在各种饲养方式下成活率均较高，生产性能发挥正常。各地引进饲养结果表明，大骨鸡适于全国大部分地区饲养，尤其适合北方地区。放养为主，既可蛋用，又可肉用。

2. 生产性能

平均年产蛋量笼养为 170 枚左右、散养为 140 枚左右，蛋重 62～64 克，高的达 70 克以上。蛋壳呈深棕红色，厚而坚实，破损率低。蛋料比为 1：(3.0～3.5)。

成年公鸡体重为 3.24 千克，成年母鸡为 2.54 千克，大骨鸡产肉性能较好，皮下脂肪分布均匀，肉质鲜嫩。其半净膛屠宰率公鸡为 77.80%，母鸡为 73.45%；全净膛屠宰率公鸡为 75.69%，母鸡为 70.88%。

（二）开发利用情况

2003 年开始，辽宁省畜牧科学研究院开展了大骨鸡保种选育、开发利用工作。经过近 8 年保种选育工作，使大骨鸡生产性能进一步提高，社会存栏量大幅增加。积极开展产

学研联合研究开发，已开发出"露鸟"牌大骨鸡系列产品。

大骨鸡的利用方式主要有两种，一种是纯种直接利用，一般公鸡做肉用，母鸡做蛋用；另一种是与其他品种或配套系杂交，如大骨鸡做父本与良凤花配套系鸡杂交，后代增重效果良好。根据其品种特点，大骨鸡更适合生态养殖，前景看好。

（三）养殖要点

1. 场址选择

场址应选择在地势高燥、相对平坦、开阔的山坡或草场、林地，鸡舍建在向阳的南坡上。放牧地坡度不宜超过30度，最好是沙壤土；水源充足，水的质量应符合无公害畜禽饮用水标准；植被良好，草虫等饲料丰富，但树木树冠遮阴不能太多，阳光照射地面面积在50%左右，防止春秋时阴冷和影响地面植被的生长；周围环境应幽静，远离噪音源、污染源及村屯、主干道，但应交通方便，自修公路能直达场内。禁止在低洼、潮湿及水源被污染地放养，还应考虑到极端天气或地质灾害时人员及鸡群的安全。

2. 养殖规模及放牧地载鸡量

每群以500只为宜，如果饲养1000只以上，则应分舍（地）饲养，以便于管理。放牧地每群（500只）需13000～20000平方米，即以鸡舍为中心方圆70米左右区域。

3. 鸡舍建筑及设施

总体要求是保温隔热性能及通风换气良好，便于清理粪便及消毒防疫。鸡舍建筑质量以棚舍为宜，据实际情况可选用普通型、简易型和可移动型，舍前设有活动场和遮阴棚。

① 蛋用鸡舍：一般以500只鸡为一个饲养单位，要求鸡舍长20米，宽5米，高2米，门设在南向中间位置，另设两个鸡只进出口。舍内设栖架，每只鸡占栖架的位置为15厘米，栖架间距约80厘米，高度为50厘米左右；每60只鸡1个普拉松饮水器；如果使用料桶，则每只鸡占料桶位置为10厘米，使用料槽则每只鸡占料槽位置为14厘米；每5只鸡设一个蛋窝，置于安静避光处，窝内放入适量的干燥垫料。

② 肉用鸡舍：一般以500只鸡为一个饲养单位，要求鸡舍长15米，宽5米，高2米。除无蛋窝外，其他与蛋用鸡舍同。

4. 饲养管理

根据大骨鸡多为放牧饲养的特点，除常规饲养技术以外，饲养管理要点如下。

① 产蛋期：安排在3～11月份为宜。

② 分群管理：每群以500只左右。规模较大时，应依据鸡的强弱、公母、大小分群管理，弱小鸡只单独补饲。

③ 尽早训练上栖架：大骨鸡离温后，尤其是开始户外放养后，应尽早训练上栖架，有利于提高鸡的体质及促进生长发育。

④ 围栏轮牧：防止农药中毒。

⑤ 补饲：补饲量据牧场的饲料资源而定，一般为正常量的80%左右。建议补饲全价料，有经验的也可有针对性补料，昆虫多的夏季，应注意补饲能量饲料，秋季籽实多，应注意补饲蛋白饲料和多维。缺硒地区还应定期补微量元素硒。

5. 疾病防治

除常规疫病防制方法外，还应注意以下几种大骨鸡易发病。

① 马立克氏病：大骨鸡对其敏感。

② 寄生虫病：大骨鸡多为放牧散养，常发线虫及球虫等寄生虫病。

③ 代谢病：如钙磷缺乏症等。

二、特 点

根据市场需要进行相应选育。辽宁省畜牧科学研究院结合大骨鸡的保种工作，对其进行了系统的提纯复壮和选育工作。通过 8 年 7 个世代的选育，大骨鸡高产新品系产蛋性能稳步增加，66 周龄平均产蛋量达到 180 枚以上；大骨鸡体重、外貌趋于一致，肉用性能进一步提高。目前大骨鸡新品系已落户庄河地区，为大骨鸡生态养殖打下良好基础。

三、主要成效

通过标准化生态放养模式，鸡只捉昆虫、吃百草、喝山泉，应激小，疾病少，保证大骨鸡产品安全和风味，满足高端市场需要。同时，生态放养养殖模式让大骨鸡回到了其原始固有的自然生态环境中，对保持其遗传性状的稳定具有重要意义。2007 年 8 月以来，辽宁省畜牧科学研究院先后在辽阳市东部山区建立 5 个大骨鸡生态养殖示范基地，开展山地放养技术标准化的研究和推广工作，并制定出"大骨鸡标准化生态放养技术规范"，包括种源供应、场地选择、养殖规模和放养密度、养殖基地建设、饲料配制、饲养管理、疫病防治、产品质量控制等。通过示范推广，带动山区农民从事大骨鸡生态养殖，取得良好成效。一般在适度规模下，每只蛋用大骨鸡创效益 30 元以上（产蛋期 7 个月）；每只肉用大骨鸡创效益约 20 元左右（饲养期 4～5 个月）。辽宁庄河大骨鸡原种场有限公司在庄河、宽甸、岫岩、桓仁等县市山区建立大骨鸡养殖基地，年放养大骨鸡 20 万只，并对产品进行回收、屠宰加工，取得了良好的经济效益。

通过开发利用，大骨鸡的种质资源状况得到明显改善。目前，大骨鸡联合保种体系更加完善，纯种大骨鸡饲养量快速上升，年末存栏量由过去的不足 5 万只增到 15 万只以上，年饲养量由过去的不足 300 万只达到约 1000 万只。

四、案 例

辽宁庄河大骨鸡原种场有限公司成立于 2003 年 7 月，是以大骨鸡种鸡饲养、雏鸡放养、回收加工、鲜蛋出口为一体的农业产业化龙头企业。公司位于大连庄河太平岭乡歇马村，注册资金 1000 万元。拥有大骨鸡原种场一座，建筑面积 1 万平方米，存栏大骨鸡种鸡 1 万多套，年可提供优质大骨雏鸡 200 多万只。近年来，公司与辽宁省畜牧科学研究院、辽宁医学院高等职业技术学院联合开展了大骨鸡保种及开发利用工作，建立产学研联盟，积极开展大骨鸡标准化生态养殖模式研究与推广，取得显著成效。先后开发出"露鸟"牌

大骨鸡肉、大骨鸡蛋系列产品。在庄河、宽甸、岫岩、凤城、桓仁等地创立标准化生态养殖小区，拓展了庄河大骨鸡放牧散养之路，为农民养鸡致富开辟了一条新路；建成的储藏量2000吨的冷冻加工厂，年可屠宰加工大骨鸡150万只；已落成的1500平方米的高标准鲜蛋包装加工基地，年完成鲜蛋出口上万吨，出口结算量达到4000余万元。初步形成了大骨鸡放养、鸡蛋回收、屠宰加工、产品销售、出口一条龙的产业化格局。在公司带动下，大骨鸡的饲养量快速提高，促进了大骨鸡的品种保护（图1-11～图1-14）。

图1-11 大骨鸡放养

图1-12 大骨鸡笼养

图1-13 大骨鸡母鸡

图1-14 大骨鸡公鸡

（周孝峰）

第五节 吉林芦花鸡种质资源综合开发利用技术

一、概　述

吉林芦花鸡是吉林省地方家禽优良品种中重要的遗传资源，具有肉质风味好，产蛋量高，性成熟早、抗病力和适应性强等突出优点。深受养殖户的喜爱，有着良好的市场前景。现主要分布在洮南、双辽、公主岭、乾安、农安、永吉、通化、敦化等地，分布区域广，饲养量在20万～50万只。2005年以来吉林省农业科学院从品种保护、种质资源整理、评价、选育等方面，对其开展了系统研究，探索地方家禽品种保护与产业化开发相促进的发展道路，并取得重要研究进展。以吉林省农业科学院试验鸡场为基础建立了吉林芦花鸡原种鸡场，对吉林芦花鸡种质资源进行系统保护与纯系选育，保护其遗传多样性，在吉林省芦花鸡原产地集中区域，收集整理吉林芦花鸡种质资源。建立了芦花鸡品种资源库，每世代保存母鸡500～1200只，公鸡50～120只。对吉林芦花鸡固有的优势和特色开展系统选育，经过5个世代的选育，产肉、产蛋性能、群体整齐度等均有了显著提高。

（一）吉林芦花鸡分布区域地理条件

吉林省南北跨度近6个纬度（40°51'～46°8'N），东西跨度近10个经度（121°38'～131°17'E）。自东向西自然形成明显的东部森林、中东部低山丘陵、中部松辽平原和西部草原4个生态区，地貌类型复杂，生态环境多样。属温带大陆性季风气候，全省年平均降水量400～800毫米，年平均气温4℃，全年日照2300～3000小时。

（二）吉林芦花鸡形成历史

吉林芦花鸡形成历史较短（约200～300年），多为清朝年间随关内移民迁入。由于移民进入东北，地广人稀，开荒种地，交通闭塞，当地土种鸡稀少，对保持芦花鸡品种纯正，稳定种鸡羽色提供了有利条件。在历代移民的精心选择培育下，东北丰富的自然资源和良好的农业生产条件，丰厚的余粮和粮食副产品，使芦花鸡在散养的生态条件下，体型外貌和生产性能比原产地（山东汶上芦花鸡）发生较大改变。历代农户在精心选择中积累了"黑鸡白脑瓜，长大是芦花"的选育经验，年年选择体大、产蛋多的个体留种，在吉林省乃至东北区域内形成了适合东北自然、社会经济条件的优良的肉蛋兼用型地方鸡种。具有体型大、产蛋多、遗传性能稳定、耐粗饲、善觅食、灵敏好动、适应性强、羽色美观、肉蛋品质优良等特点，受到历代农户的喜爱。

二、吉林芦花鸡种质资源主要特点

（一）吉林芦花鸡体型外貌

吉林芦花鸡为肉蛋兼用型。该鸡体型一致，颈部挺立，稍显高昂，前躯稍窄，背长而平直，后躯宽而丰满，腿较长，尾羽高翘，体形呈"元宝"状。横斑羽是该鸡外貌的基本特征。全身羽毛呈黑白相间，宽窄一致的斑纹状。适应性能好，耐粗抗寒，善觅食，行动灵活，反应敏捷，合群性好，适于庭院散养或牧养，也可笼养。公鸡体大健壮，鸣声宏亮，昂首挺胸，雄壮优美，产肉性能好，肉味鲜美；颈羽和鞍羽黑白相间颜色较浅，尾羽高翘，其他部分羽毛呈黑白相间的花纹。冠型以单冠为主，占90%以上。喙基部、边缘及尖端为黄色。虹彩橘红色或土黄色。胫色有黄、花、青等，爪以黄色为主，其他色次之。皮肤黄白色；母鸡全身覆盖以黑白相间的横斑羽，头部和颈部羽毛边缘色泽较浓深，羽毛紧密，清秀美观，母鸡体躯呈元宝型，后躯宽阔，产蛋多，蛋品质优良。雏鸡全身黑色绒毛，白顶门，嘴及脚黄色、粉青色或杂色，初生公雏体重（39.02±3.29）克、母雏体重（37.88±3.95）克。

（二）吉林芦花鸡生产性能

1. 芦花鸡成年体重与体尺（表1-1）

表1-1 芦花鸡成年体重与体尺（千克、厘米）

项 目	公 鸡	母 鸡
体 重	3.25±0.19	2.35±0.26
体斜长	21.12±0.51	17.26±0.51
胸 宽	11.17±0.70	9.59±0.30
胸 深	12.87±0.59	10.86±0.63
胸 角	60.49±0.97	57.93±1.35
骨盆宽	7.28±0.19	8.73±0.09
胫 长	13.60±0.59	10.33±0.29
胫 围	5.55±0.24	4.63±0.14
龙骨长	11.39±0.62	10.15±0.51

2. 芦花鸡产肉性能（表1-2）

表1-2 芦花鸡产肉性能（%、克）

项目	屠宰率	半净膛率	全净膛率	腿肌率	胸肌率	腹脂率
♂	88.03±1.61	77.15±1.32	64.10±1.27	26.61±1.01	19.07±0.71	0.98±0.37
♀	83.25±1.84	73.26±1.63	62.13±0.91	26.86±1.23	21.63±0.67	1.73±0.55
♂♀	84.64±1.79	75.21±1.37	63.11±1.09	26.71±1.21	20.35±0.69	1.39±0.46

3. 产蛋性能

68周：地面散养产蛋（156.37±20.09）枚；舍饲笼养（201.97±13.1）枚。蛋重：（62.64±4.31）克，蛋壳颜色：淡褐色。

4. 抗病性和适应性

育雏期成活率97.9%，68周死淘率8.7%。芦花鸡的开产日龄稳定在168～180天，群体整齐度由0世代的56.7%提高到89.1%。表现了良好的适应性和抗病性。

三、吉林芦花鸡种质资源研究与利用现状及主要成效

（一）吉林芦花鸡种质资源的收集、保存与鉴定评价

2005 年 6 月吉林省农业科学院结合承担的吉林省科技厅"吉林地方优质鸡选育项目，在吉林省境内（养殖集中区）普查搜集来自不同区域散养芦花鸡种蛋 6500 枚，经过孵化育雏，按区域筛选出符合品种特征芦花鸡，母鸡 600 只，公鸡 80 只，进行饲养观察，并进行表观性状鉴定评价。并在吉林省农业科学院试验鸡场进行吉林芦花鸡保种和选育工作。现形成保种群 600 只，家系 60 个，选育核心群 3000 只，家系 120 个，扩繁群 7000 只。建立 2 个芦花鸡繁育基地，1 个原产地保护村。年推广优质芦花鸡 50 万只。

（二）吉林芦花鸡种质资源的整理、整合

在对搜集的吉林芦花鸡种质材料进行鉴定评价和保护的基础上，通过保种技术，对吉林芦花鸡按家系选择留种，一年一个世代，建立系谱档案，对吉林芦花鸡体型外貌、羽色、生产性能及适应性、抗病性进行测定和系统观察，对吉林芦花鸡优势性状进行挖掘，经过 5 个世代的持续选育，建立了 120 个家系。芦花鸡体型外貌、生产性能、群体整齐度都有明显提高。初步完成了吉林芦花鸡品种鉴定标准，为吉林芦花鸡选育提供依据。

（三）吉林芦花鸡种质资源的综合开发利用技术

吉林芦花鸡虽然经过几个世代的保种和选育，还普遍存在早期生长速度慢，饲料利用率低，生产成本高，群体整齐度差等问题，目前，多以农户散养为主，没有形成规模化饲养和产业化经营。借鉴国内外对家禽种质资源利用先进经验和做法，对吉林芦花鸡种质资源综合开发利用的主要思路是，利用"家系等量随机选配法"提高芦花鸡保种质量，在吉林芦花鸡本品种选育的基础上，利用引进的现代家禽育种的新技术培育成吉林芦花鸡新品系，将矮脚基因导入芦花鸡种中，形成种蛋生产成本低，生产的商品代质量优等优势品系，配套生产商品芦花鸡，提高经济效益。推广规模化、标准化养殖新技术和健康养殖模式。根据市场需求和不同消费群体，建立吉林芦花鸡繁育体系和产业发展体系，在不同的区域建立繁育基地，扩大种鸡的饲养量。在推广上实行一条龙服务体系：主要实行规模养殖，配套建立原种场、扩繁场、合作社、饲养户、禽产品加工销售的生产联合体。建立产业联盟，提高吉林省市场优质肉鸡占有率和产业化水平。

四、案　例

吉林庆雨牧业有限责任公司位于长春市双阳区山河街道办事处八面村境内的蜜蜂顶山脚下，养殖场区占地 153 万平方米，环境优美，防疫条件优越，目前是吉林省生态养殖规模最大，养殖经验最丰富，技术力量最强的生态养殖公司，依托吉林省农业科学院技术优势，开展林下散养鸡、有机鸡蛋生产。其林下散养鸡、有机鸡蛋于 2009 年顺利通过北

京中安质量环保认证中心质量认证，并在短短几年时间里先后被评为农业产业化省级重点龙头企业，第九届中国长春国际农业食品博览会名牌产品。林下散养鸡、有机鸡蛋生产完全按照 GB/T1963.1-4-2005 国家有机标准进行生产，并结合林地散养的生产方式，雏鸡60 日龄后放到林地散养，并在饮水中添加生物菌制剂，生产全程采用中草药添加剂控制疫病，增强鸡体免疫力，提高鸡肉、蛋产品品质，通过公司＋农户的产业发展模式，带动周边农户开展优质鸡饲养，促进农民增收，使企业不断发展壮大。现带动农户年饲养吉林芦花鸡 50 万只，有机芦花鸡蛋 0.5 亿枚。年产值 7000 万元，实现经济效益 1000 多万元（图1-15～图1-17）。

图 1-15 吉林芦花鸡母鸡　　图 1-16 吉林芦花鸡公鸡　　图 1-17 吉林芦花鸡林下养殖

（王英明）

第六节　优质蛋鸡新品系选育与配套杂交技术

一、概　述

优质蛋通常包括：①土鸡蛋，一般是由各地地方品种鸡直接生产的蛋；②仿土鸡蛋，多由本地产蛋性能较好的地方鸡种与引进高产品系杂交，后代直接用于商品蛋生产的产品或用于横交固定培育的品系及其形成的配套系生产的鸡蛋。优质鸡蛋从蛋壳颜色、蛋重及蛋品质方面明显区别于国外高产蛋鸡所产的蛋。一般产蛋高峰期蛋重在 42 克左右，蛋壳粉色略深，平均蛋形指数为 1.3 左右，平均蛋黄色泽不低于 6 级，平均蛋壳厚度不低于 0.33毫米，蛋壳强度不低于每平方米 3.4 牛，蛋黄蛋白比不低于 0.4，鸡蛋的哈氏单位不低于75 哈夫单位。

二、特　点

优质蛋鸡产蛋性能的选育是育种的核心，兼顾选择蛋品质量，应根据选育品种的要求对产蛋数、蛋重、蛋壳颜色、蛋形、蛋黄比例及蛋黄色泽赋予不同的选择权重。蛋重、蛋壳颜色及蛋形一般在品种选择时充分考虑，产蛋数是在品种选择的基础上加以选择。产蛋数属低遗传力性状，需采用家系选育法，统计各家系的产蛋数进行选择。在组建家系前应对选育程度低、产蛋均匀度较差的地方品种进行群体产蛋均匀度的选择，挑选产蛋性能符合品种要求的个体。蛋形、蛋壳强度、蛋重、蛋壳颜色的遗传力分别为 0.27、0.32、0.43、0.60，属于中等以上遗传力，一般产蛋率低的地方品种蛋形较长，高产蛋品系的蛋形较圆，选择品种时不应过分强调蛋形。优质蛋鸡蛋重的选育重点是选择蛋重的均匀度，蛋重要符合商品市场要求（低于 50 克以下），一般选择育种群体平均蛋重上下 10% 的个体作为选育种群的素材。蛋壳颜色的重点是选择合适的品种参与配套，选育受消费者喜爱、富有光泽的粉壳蛋。包装性状在优质蛋鸡选育中的重要性日益突出，羽色、肤色、体形、冠型等包装性状的优劣直接关系到产蛋末期母鸡的上市价格，尤其是母鸡羽色性状对优质蛋鸡的饲养利润有重要影响。

优质蛋鸡配套系具有如下特征：①至少含有 50% 以上我国地方鸡种血缘。②开产日龄（群体达 50% 产蛋率）21 周龄，66 周龄产蛋 210 枚以上，43 周龄平均蛋重 42 ～ 45 克；产蛋期料蛋比 2.5：1 以内。③产蛋母鸡成年体重 1600 克以下，体型外貌与土种鸡相似。④优质蛋鸡体型小，可以通过增加饲养密度以提高经济效益，一般来说，养 3 只普通蛋鸡所需要的笼位面积可以养 4 只优质蛋鸡。⑤优质蛋鸡最大的优点就是节约饲料，因此生产鸡蛋的成本比普通蛋鸡低，间接地提高了养鸡的经济效益。⑥抗病力强、易饲养，附加值高。优质蛋鸡的培育集聚了地方鸡种和高产蛋鸡的优点；另外，由于体型较小，貌似土种鸡，淘汰鸡肉质优良、毛色浅黄，销售价格高。⑦抗市场风险能力强。

三、建设成效

该配套系选育的过程及结果概述如下：①选取一种长速快、羽毛为黄羽、体型外貌整齐一致、体重均匀的中国地方品种品系作为配套系的第一父本，该品系 15 周龄公鸡体重为 1560 ～ 1625 克，母鸡为 1250 ～ 1300 克。②选择黄羽、早熟、高产蛋、整齐度高的品系作为配套系的第一母本，该品系 15 周龄公鸡体重为 1375 ～ 1500 克，母鸡为 1100 ～ 1200 克，5% 开产日龄为 120 ～ 140 天，68 周龄产蛋数高于 180 枚。③选择一种羽毛为黄羽、具有矮小基因、高峰期产蛋率可达 90% 以上、体型外貌整齐一致的节粮高产型鸡品系作为配套系的终端父本，该品系 15 周龄公鸡体重为 1030 ～ 1190 克，母鸡为 825 ～ 950 克。④利用第一父本公鸡与第一母本母鸡杂交，形成新型配套系的第二母本，该母本个体黄羽、较一般地方品种平均产蛋率高 7% 以上。

利用终端父本公鸡与第二母本母鸡杂交，商品代生产性能如下：58 周龄产蛋 200 枚左右，平均蛋重约 45 克，高峰期耗料 78 克，饲料转化率为 2.3：1。

饲养该优质蛋鸡配套系的优势：①体形小占地面积少。由于导入了矮小基因，商品鸡成年体重 1600 克，比普通蛋鸡轻 25% 左右，它的自然体高比普通型蛋鸡矮 10 厘米左右。②耗料少，饲料转化率高。产蛋期平均日采食量只有 70 克左右，比普通鸡少 25% 左右；料蛋比一般在 2.3：1，比普通鸡提高饲料利用率 15% 左右。③抗病力较强。对马立克病有较强的抵抗力，对一般细菌性病的抵抗力也比普通鸡强，因此产蛋期有较高的成活率。④生产 1 千克鸡蛋比普通蛋鸡减少成本 0.4 元，所以在饲料价格高、蛋价低的年景基本能够保证不亏损。⑤淘汰母鸡的销售价格高于普通高产蛋鸡（图 1-18 ～图 1-20）。

图 1-18 优质蛋鸡母鸡　　　　图 1-19 优质蛋鸡公鸡　　　　图 1-20 优质蛋鸡群养

（罗庆斌）

四、案 例

广东省家禽科学研究所与广东粤禽育种有限公司培育的该配套系 2011 年在广东省的部分蛋鸡养殖企业和农民专业合作社进行了初步的中试、推广，其中，广东省东源县壹品农业有限公司饲养量 5.1 万羽、珠海市农亨养殖有限公司和揭东县佳朋种养合作社分别饲养了 10 万羽该配套系商品蛋鸡，每只蛋鸡平均获纯利 18 ～ 20 元（含淘汰母鸡收入），经济效益良好。

第七节 蛋种鸡人工授精操作技术

一、概 述

20 世纪 80 年代以来，现代化养禽业迅速发展，饲养管理方式发生了改变，种鸡由原来的平养改为笼养，繁殖方式由自然交配向人工授精方式转变。随着人工授精技术的不断改进，这种配种方式较传统的自然交配显示出了诸多优点，如公母比例可从自然交配的 1∶（10 ～ 15）扩大到 1∶（20 ～ 25），可以较大幅度的减少种公鸡的饲养量，充分利用种用价值高的优秀公鸡，降低公鸡的饲养成本；能够更充分地利用鸡舍面积；可以按照供种需要随时提供受精率高的种蛋。据统计，人工授精使雏鸡成本下降 10%，生产种蛋的饲料消耗降低 10% ～ 15%。

二、 特 点

本技术主要包括采精技术、输精技术、精液稀释技术、种公鸡精液品质的检测评价技术和种公鸡选育标准等方面。

输精技术中主要推广的内容为新的输精器具、系统的输精用品消毒流程、适宜的精液稀释液配方及输精剂量。

（一）移液器代替胶头滴管

为了解决使用胶头滴管进行输精时存在的操作复杂、精液剂量难以控制和滴管消毒不彻底的缺点，研究人员对输精器具进行研究，最终确定了微量移液器作为新的输精器具。但在推广初期，发现使用微量移液器输精时存在精液残留的问题，即无法完全将移液器中的精液排到母鸡的输卵管中。这不仅浪费了精液，同时，影响到了受精率。通过反复试验，发现是移液器的 Tip 头过长过细造成的，最终将 Tip 剪短 0.5 厘米解决了这一问题。

随着微量移液器的大面积推广，又发现移液器在使用一段时间后，移液器管道部位会变细，最终不易插入 Tip 头，从而影响了输精工作效率。为了提高移液器使用寿命，通过试验，最终利用热胀冷缩的原理，重新将移液器管道部位扩张、加粗，实现了移液器再次利用，降低了生产成本。

（二）完善了输精用品消毒流程

输精过程中，为了避免输精器具交叉感染，需对使用后的输精器具进行彻底消毒。通过研究和推广，目前，已经形成了严格的输精器具消毒流程，如 Tip 头消毒流程和集精管消毒流程（图 1-20 和图 1-21）。

输精器具经过严格的消毒程序，各器具的微生物检测指标全部达标，具体见表 1-3。

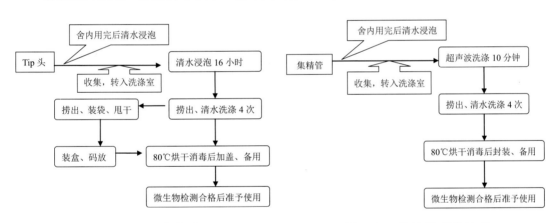

图 1-20 Tip 头消毒流程　　　　图 1-21 集精管消毒流程

表 1-3 输精器具微生物检测结果

Tip 头监测			集精管监测		
样本号	监测结果	评价	样本号	监测结果	评价
1	0	优	1	0.27	优
2	0	优	2	0	优
3	0	优	3	0	优
4	0	优	4	0	优
5	0	优	5	0	优
6	0	优	6	0	优

评判标准:物体表面监测[个/平方厘米],0～10为干净\优,11～20为轻度污染\良,21～30为中度污染\中,30以上为高度污染\差。

(三) 适宜的精液稀释配方及输精剂量

为延长精子的体外存活时间和提高精子活力,研究人员对种鸡精液稀释液进行了研究,并制定了适宜的种鸡精液稀释液配方,即:葡萄糖4克,丁胺卡那1克,头孢1克,蛋黄1.5毫升,生理盐水100毫升。经测定,稀释后的精液比原精液更有利于精子的存活,精子存活时间较稀释前延长了28分钟,具体见表1-4。

表1-4 稀释后的精液与原精液各项指标对比表

指标	原精	稀释后的精液
平均密度（亿/ml）	55.5	29.1
平均最大活率（%）	0.59	0.57
平均存活时间（min）	25	53

随着精液稀释液的应用和精液品质检测的规范化,为了进一步提高精液利用率,研究人员进行了减少输精剂量的试验。研究发现,人工授精的输精剂量由50微升(稀释后精液)降为40微升(稀释后精液)后鸡群受精率变化不显著。随后进行了大规模推广,结果表明输精剂量为40微升后鸡群受精率仍然维持在92%以上。

三、成 效

通过对该技术的实施和应用,其效果显著,目前,华都峪口禽业有限公司人工授精技术得到了显著提升,目前,公司父母代公母比达到1:45,个别栋达到1:49,受精率平均达到92.2%。取得了显著的直接和间接经济效益。

四、案 例

本技术已经广泛地应用于很多饲养京红京粉父母代种鸡场,均取得了较好的成效。该技术在我国任何区域均可推广使用。

（曲鲁江）

第二章 饲料与营养技术

第一节 饲料质量安全控制技术

一、概 述

饲料生产中影响饲料安全的因素主要来自于 6 个方面，包括饲料原料本身含有的有毒有害物质、非法使用违禁药物、不按规定使用饲料药物添加剂、过量添加微量元素和维生素、饲料在加工贮存过程中产生的有毒有害物质和转基因原料的安全性等。其中有毒有害物质可分为四大类：① 饲料中本身含有的有毒有害物质。主要为植物在生活过程中产生的次生代谢产物，主要由糖类、脂肪和氨基酸等有机物代谢衍生而来，如菜籽中的硫代葡萄糖甙、高粱中的单宁、棉籽粕中的棉酚、豆类原料中的胰蛋白酶抑制因子、动物性原料中的生物胺–组胺及肌胃糜烂素等。② 饲料中的正常成分或无害成分在特定情况下发生化学反应形成的有毒有害物质。如鱼粉等动物性原料中的氨基酸分解形成有毒的腐胺、尸胺等生物胺；叶菜调质贮存不当时使硝酸盐还原形成亚硝酸盐；加工贮存不当导致脂肪氧化酸败产生的酸败脂肪和自由基等。③ 饲料污染物。主要包括化学性污染物和生物性污染物。化学性污染物主要指农业用化学品（如农药、化肥等）、工业化学品、重金属（如铅、砷、镉、汞等）和其他有毒化学物质（如多环芳烃、多氯联苯等）。生物性污染物则包括真菌与真菌毒素、细菌及细菌毒素、病毒（朊病毒、口蹄疫等）及饲料害虫等。④ 饲料添加剂使用不当，主要表现为超量使用或违规添加。这是目前危害饲料安全的主要风险之一。

饲料质量安全控制必须统筹考虑饲料生产的各个环节。重点控制配方设计、生产过程、产品的贮存运输和产品的使用等几个环节。

（一）配方设计

必须做到按规定使用添加剂、禁止使用违禁药物、合法规范使用药物、合理使用微量元素、注意霉菌毒素的危害。

（二）生产过程控制

1. 完善的生产记录

饲料生产企业必须保存完善的生产记录和进销台账，以备监管部门审查原料使用是否合理合法，生产记录是否真实可靠。采购部门必须清楚记录每批次所采购原料的来源、数量、价格及指标等。生产部门必须清楚完整地记录原料的领用和实际耗用情况，品管部门则要对生产部门的生产过程进行监管，确保整个生产过程是按照技术部门的要求进行，并对监管过程进行记录。

2. 严控生产过程

原料必须检验合格后才能入库备用，有特殊情况时，要在技术部门指导下使用，品管

部门要跟踪监督。应尽量减少人工配料环节，使用自动配料系统。在配料环节应配置电脑控制的纠错系统，进一步减少配料错误。对生产多种动物饲料的企业，应使用专门的生产线生产相应的动物饲料，防止药物及动物源性原料的交叉污染，造成安全事故。定期清理生产线及仓库，防止残留饲料霉变造成污染。

（三）产品的贮存运输

产品在贮存及运输过程中应注意防水、防潮、防鼠及防虫害。饲料成品由于成分复杂，营养浓度较高，受潮后极易腐败变质产生毒素，而鼠和虫害容易携带病原，因而都可能对动物健康造成危害。另外，在运输过程中还应防止有毒有害物质通过运输工具对饲料产品造成的污染。

二、特 点

由于我国畜牧生产状况的特殊性，蛋鸡全价配合饲料的生产存在于养殖的各个环节，包括饲料厂、饲料经销商代加工及养殖场（户）自配料，因此，要生产出安全的饲料产品，必须从配方设计、生产过程、产品的贮存运输和产品的使用等诸多环节进行控制。在蛋鸡饲料工业推广和应用 HACCP 的基本原理，是解决饲料安全问题的重要战略性措施之一。HACCP 体系的特点是：对饲料加工的每一步骤进行危害因素分析，确定关键控制点，控制可能出现的危害，确立符合每个关键控制点的临界限，与关键控制点的所有关键组分都是饲料安全的关键因素。同时，建立临界限的检测程序、纠正方案、有效档案记录保存体系、校验体系，以确保产品安全。在饲料工业中建立和推广 HACCP 管理，可有效杜绝有毒有害物质和微生物进入饲料原料或配合饲料生产环节。同时，由于关键控制点的有效设定和检验，保证了最终产品中各种药物残留和卫生指标均在控制限以下，确保了饲料原料和配合饲料产品的安全。目前，加拿大、澳大利亚和欧盟都积极在饲料工业中推行 HACCP 管理，并且正在积极努力把 HACCP 管理纳入饲料工业的法规，确保饲料原料生产和配合饲料产品的安全。

三、成 效

蛋鸡饲料行业经过多年高速发展，逐步形成了一定的行业、企业标准，针对蛋鸡饲料原料、生产加工过程以及成品饲料中容易出现的问题，蛋鸡饲料生产企业都建立了完善完备的质量控制体系，取得了较好的成效。一是制定标准。首先是制定了严格的企业《原料验收标准》并严格执行；其次是生产过程中为了保证所用配方及所用原料类型的正确，饲料加工企业在饲料加工过程中都能遵守《蛋鸡饲料质量控制规程》《蛋鸡用系列复合预混料》企业标准，为了将各种原料应用于饲料之中，必须应用运转有效的机械设备，并严格遵循操作规程；再次是必须将成品饲料按所需的重量装入规定的袋中，然后按蛋鸡不同生长阶段、不同生产日期加以分类码放，并妥善储存，对含药物的饲料给以清晰标注，并与常规饲料分开保管。二是逐步形成大型饲料企业集团。目前，各饲料加工企业加强内外合作，并与科研单位、蛋鸡生产者之间走联合之路，实现了技术、资金、设备、人才、品牌、信息等生产要素的合理配置，优势互补，扬长避短，培育了一批起点高、规模大、带动能力强、竞争优势明显的大型蛋鸡饲料企业集团（例如，正大、希望、巨星、铁骑力士等），进一步提升了行业整体素质。三是强化监管，保障质量安全。各蛋鸡生产企业严格执行《农产品质量安全法》《饲料和饲料添加剂管理条例》等法律法规，始终坚持"安全第一、优质取胜"的原则，把好饲料企业生产许可关、饲料原料进货关、饲料生产过程关、饲料产品出厂关；严格执行有关标准，优化饲料配方，严禁添加和使用国家禁用物质，规范标签管理；严格执行生产记录和质量自检制度，落实产品质量追溯制度、不合格产品召回和销毁制度，确保饲料质量安全。切实整顿规范饲料市场秩序，坚决杜绝有害饲料产品流入市场，消除饲料质量安全隐患，提高了饲料质量安全水平。四是逐步形成品牌发展战略。饲料企业积极开展科技创新和品牌兴饲战略，不断提升饲料产品科技含量和饲料行业整体科技水平，目前已经形成了一批拥有自主知识产权、自主创新能力强的大公司和企业集团（例如正大、希望、巨星、铁骑力士等），进一步提高了蛋鸡饲料产业集中度和市场竞争力。

四、案 例

四川巨星集团作为四川省农业产业化重点企业，年销全价饲料 50 万吨、预混料 10000 吨，系四川十大饲料品牌，中国驰名商标。在饲料质量安全控制方面重点抓了以下工作和技术。

（一）严格遵守国家法律法规

坚决执行国务院《饲料和饲料添加剂管理条例》、农业部相关配套章程、农业部公告文件和国家标准，严格按规定组织生产，牢固树立"安全第一，优质取信"的思想，进一步强化企业内部管理，把提高饲料产品安全水平作为企业的首要任务，建立健全质量保证体系，并在企业内宣传贯彻，不断提高全员法律意识和素质。

（二）推广利用饲料安全性质量控制技术

配方设计方面严格按饲料卫生标准执行，严格控制有害药物和添加剂的使用，并制定药物使用技术规程，保证合理的用药规程和停药期，确保畜产品的食用安全性，并逐步建立了有毒有害物质预警机制。在促进动物生长和疾病防治方面，尽量使用无毒副、无残留的绿色添加剂如微生态制剂、植物提取物、有机酸、酶制剂等，核心料中使用有机微量元素，不使用高铜，饲料中绝不添加任何激素、镇静剂和砷制剂。加强饲料安全监督体系建设，制定原料验收标准，原料进厂前按标准取样验收，杜绝被农药、兽药、重金属污染的原料进厂，重视饲料的储存，做好防潮、防霉变和通风等措施，防止微生物污染。同时定期有步骤地对原料进行检测，如沙门氏菌、霉菌总数、霉菌毒素的化学检测，发现问题及时解决。实施 ISO 9001 全面质量管理体系，加强对饲料添加剂及添加药物的监控，配料时必须在检查核对配方无误后再进行正确配料。严格实行饲料成品检测制度，对成品进行检测确定符合标准后再出厂，避免造成更大的危害（图 2-1～图 2-6）。

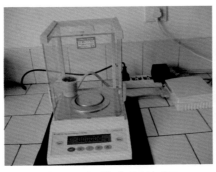

图 2-1 饲料质量检测设
备 - 分析天平

图 2-2 饲料质量检测标准化操作台

图 2-3 霉菌毒素检测仪

图 2-4 原子吸收分光光度计

图 2-5 高效液相色谱仪

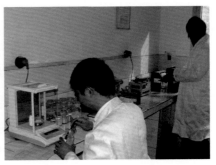

图 2-6 饲料质量检测

（三）建立了产品质量安全制度、追溯制度和产品召回制度

严格控制采购、生产和销售各环节，严把产品质量安全关，发现产品存在安全隐患，主动召回并及时向饲料行政主管部门报告，绝不生产、销售和使用非法添加物。

（陈瑞国）

第二节 新型安全饲料及添加剂利用技术

一、概 述

我国于 2012 年 6 月发布了中华人民共和国农业部公告（第 1773 号）《饲料原料目录》，目录中的饲料原料，是指来源于动物、植物、微生物或者矿物质，用于加工制作动物饲料的饲用物质。使用目录中的饲料原料，应符合《饲料卫生标准》《饲料标签》等强制性标准的要求。应按照保证饲料和养殖动物质量安全的原则和要求，根据饲喂对象和原料特点合理选择和使用。

饲料添加剂按其在饲料中所起的作用分为营养性饲料添加剂和非营养性饲料添加剂。营养性添加剂包括氨基酸、维生素、矿物元素及其络（螯）合物，其他添加剂属于非营养性添加剂。我国于 2008 年 12 月发布了中华人民共和国农业部公告（第 1126 号）《饲料添加剂品种目录（2008）》，公告中列出了可以在动物饲料中安全使用的饲料添加剂品种目录，涉及家禽养殖的有 11 类。

二、特 点

（一）氨基酸

氨基酸的功能是精确平衡饲料的氨基酸组成，满足动物维持、生产需要，提高生产性能，提高饲料利用率；改善氨基酸消化率低的饲料原料的营养价值，提高低质量饲料的生产性能；降低饲料粗蛋白质水平，提高饲料氮利用率，降低饲料成本，降低对环境的污染。

（二）维生素

维生素分为脂溶性维生素和水溶性维生素，脂溶性维生素包括维生素 A、维生素 D、维生素 E、维生素 K，水溶性维生素包括 B 族维生素和维生素 C。通常是先将各种单体维生素制成微型胶粒或稳定化合物，与抗氧化剂、疏散剂、载体和稀释剂混合成复合维生素预混料，然后添加于蛋鸡饲料。

（三）矿物元素

矿物元素添加剂是含有这些元素的化合物，包括无机盐（如硫酸铁）、有机盐（如柠檬酸铁）和微量元素——氨基酸螯合物（如苏氨酸铁）。

使用矿物元素添加剂应选用有较高生物学效价的种类；注意添加剂的规格要求（有效元素的含量）；要考虑价格、适口性、理化性质、粒度等；严格控制用量，防止中毒；防止计量失误、配混不均、残留污染等。

（四）酶制剂

酶制剂的功能是补充幼禽消化酶分泌不足，促进饲料中营养物质的消化利用，如植酸

酶、木聚糖酶、蛋白酶、纤维素酶等，降低氮磷的排泄，减少环境污染。酶制剂的选用应根据动物的种类和生长阶段确定，使用时注意产品说明，按要求添加。

（五）微生物

家禽饲料中常用的微生物有益生素、益生菌、促生素、利生素等，是指摄入动物体内参与肠内微生态平衡的活性微生物培养物。具有直接通过增强动物对肠内有害微生物的抑制作用，或者通过增强非特异性免疫功能来预防疾病，而间接促进动物生长和提高饲料转化率的作用。饲用微生物的特点是无耐药性、无残留，是替代抗生素的绿色添加剂。

（六）抗氧化剂

是指用于保护饲料中对氧敏感的营养物质，减缓或防止氧化作用的物质，例如饲料中的脂肪、维生素 A 容易氧化变质，失去营养作用，特别在夏天温度较高的情况下，很容易酸败产生不良气味，加入抗氧化剂，可阻止或减缓这些物质氧化。

（七）防腐剂、防霉剂和酸度调节剂

这类添加剂具有防止饲料在储存过程中发霉腐败的作用。常用的防腐剂有丙酸、丙酸钙、山梨酸钙、酒石酸、甲酸等。丙酸用量过大影响动物的适口性。

（八）着色剂

着色剂是可改善鸡蛋蛋黄、鸡皮肤颜色的一类物质。

（九）黏结剂、抗结块剂和稳定剂

这类添加剂可增加颗粒饲料的黏结力，减少颗粒饲料在包装、运输过程中的破碎；增加饲料的流动性，防止结块。

（十）多糖和寡糖

这类添加剂又称前生素、化学益生素等，是一些不能被宿主消化吸收，却能选择性的激活一种或几种体内有益菌群，使其进行生长繁殖，从而改善宿主健康的化学物质。它和微生物有相似的功效，具有防治疾病、提高饲料利用率和动物生产性能的作用，同时由于它们是一类纯天然的化学物质，除具有安全、无毒、无残留、耐氧、耐酸、不易失活的优点外，还具有更强的肠道定植能力，热稳定性好，能耐受各种不良饲料加工条件和贮藏条件，在饲料中使用没有配伍禁忌。

（十一）其他

这类添加剂包括甜菜碱、大蒜素、山梨糖醇、大豆磷脂、天然类固醇萨洒皂角苷（源自丝兰）、二十二碳六烯酸（DHA）、啤酒酵母培养物、啤酒酵母提取物、啤酒酵母细胞壁、糖萜素等。

2009 年 6 月我国发布了中华人民共和国农业部公告（第 1224 号）《饲料添加剂安全使用规范》（氨基酸、维生素、微量元素和常量元素部分），公告中列出了氨基酸、维生素、微量元素和常量元素在配合饲料中的安全范围和最高限量，其中最高限量为强制性指标。

三、成 效

中华人民共和国农业部公告（第 1773 号）《饲料原料目录》和（第 1126 号）《饲料添加剂品种目录（2008）》中所列的饲料和添加剂都是国家认定的安全饲料及添加剂，近年受关注且研究较多的新型添加剂包括酶制剂、微生物、防霉剂等。

酶制剂可提高常规饲料原料和副产品的利用率以缓解目前全球谷物和蛋白质原料供应紧张的局面。在蛋鸡玉米—杂粮型日粮中添加复合酶制剂可降低饲料生产成本，提高养殖经济效益，与不添加酶制剂相比，产蛋率、平均蛋重显著提高，料蛋比显著降低，饲料能量利用率、粗蛋白质表观消化率显著提高。

微生物添加剂在蛋鸡饲料中应用较多。在蛋鸡养殖场的试验结果表明微生物能提高蛋鸡的健康水平及产蛋性能：经饮水投喂微生物 6～7 天后，鸡粪臭味和舍内氨味明显减轻，粪便干燥，拉稀蛋鸡数比对照组明显减少；投喂 10～12 天后，产蛋率提高 2.5% 左右，且蛋壳变厚，颜色变深、蛋清变浓、蛋黄色深，破蛋、沙皮蛋明显减少；投喂 18～20 天后，蛋鸡精神活泼，鸡冠变红，羽毛光洁；投喂 1 个月试验结束，每个蛋重平均增加 1～1.5 克，鸡群发病数和死淘数也比对照组明显减少。

霉菌毒素污染已经被饲料厂和养殖场认识，霉菌毒素吸附剂的应用也比较普遍，目前霉菌毒素吸附剂对黄曲霉毒素有很好的吸附能力，但是，对于其他霉菌毒素的吸附能力还不够好，应该在这方面多做研究。

四、案 例

植酸酶作为一种分解植酸的酶在蛋鸡饲料中使用较多。植酸酶的作用机理主要是先把植酸分解成肌醇磷酸酯，再进一步分解为肌醇和磷酸，从而释放出磷和其他营养元素，提高营养元素的利用率、降低其在畜禽排泄物中的残留量。蛋鸡饲料中，在降低有效磷 0.12 个百分点的基础上添加植酸酶对蛋鸡的产蛋量、平均蛋重、产蛋率、破蛋率以及蛋品质没有影响。在玉米—豆粕型粉状日粮中每千克日粮添加 150 国际单位植酸酶能够提高蛋鸡产蛋率 0.22%，对蛋鸡全试验期采食量、平均料蛋比、平均蛋重等生产性能均无显著影响，表明在磷水平为 0.43% 的日粮中每千克日粮添加 150 国际单位植酸酶能满足蛋鸡的营养需要，可减少传统饲料配方中磷酸氢钙等无机磷的使用比例，减少鸡粪便中氮磷的排泄量。有研究表明每千克日粮添加 500 国际单位植酸酶，蛋鸡的氮、磷排放量分别减少了 17.58% 和 23.57%（图 2-7～图 2-10）。

酵母培养物作为一种新型安全的饲料添加剂近年在蛋鸡养殖中应用广泛。大量研究证明，酵母培养物在促进家禽对营养物质的消化吸收、提高饲料利用率、调节肠道微生物平衡、改善生长性能、提高机体免疫力和改善环境等方面具有重要作用。在产蛋高峰期蛋鸡日粮中添加 0.15% 的酵母培养物和 0.05% 的寡糖，与添加金霉素的对照组相比，产蛋率显著升高，采食量和料蛋比均显著降低。美国亚利桑纳州立大学的试验，在 55 周龄蛋鸡日粮中添加 0.25%～1% 的酵母培养物，发现产蛋率、蛋重量和蛋产量均得到改善，同时酵母培养物也提高了蛋鸡体内蛋氨酸的存留率。

图 2-7 枯草芽孢杆菌

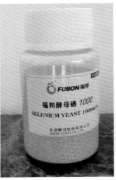
图 2-8 酵母硒

图 2-9 防霉剂

图 2-10 有机锌

（黄缨）

第三节 饲料配方优化技术

一、概 述

蛋鸡饲料配方优化技术是根据产蛋鸡的营养需要、饲料的实测营养价值、原料的现状及价格等条件科学合理地确定各种原料的配比。在满足蛋鸡营养需要前提下，充分发挥蛋鸡生产性能，获得数量多、品质好、成本低的产品。同时，能够降低碳、氮和磷的排放。在优化产蛋鸡饲料配方时须按照以下技术要点进行操作。

（一）确定营养标准

这是优化蛋鸡饲料配方的前提，可以采用国家标准，但国家标准有一定的局限性，应灵活使用。也可采用饲养品种的育种公司标准，但其制定的标准往往较高，蛋鸡场家可根据实际情况作适当调整。最好制定适合企业情况的标准，但须以国家标准为指导，指标不得低于国家标准。

（二）选择原料品种

首先，应就地取材，选择当地原料品种；其次，应根据原料价格变化及时调整配方；第三，控制配合饲料中的粗纤维的含量，雏鸡为 2% ~ 3%，育成期鸡为 5% ~ 6%，产蛋鸡 2.5% ~ 3.5%；第四，控制有毒有害原料用量，如雏鸡料不用菜籽粕、棉籽粕等，配合饲料中不能有沙门氏杆菌；第五，饲料组成体积应与蛋鸡采食量相适应；第六，要考虑原料变化而引起的饲料颜色、气味的变化对蛋鸡的应激、适口性、市场的接受程度等因素的影响。

（三）饲料配方设计与优化

1.配方设计

首先，要运用蛋鸡营养领域的新知识、新成果；其次，在保证营养的前提下，体现饲料配方成本最低原则；第三，兼顾原料多样性原则，保证饲料质量稳定；第四，不用国家明确禁止添加的饲料添加剂。

2. 配方优化

第一，利用可消化氨基酸含量和理想蛋白质模式平衡蛋鸡日粮，使氮素排出最低；第二，利用酶制剂，如植酸酶，使饲料中植酸磷有效利用，减少磷的排放；第三，使用绿色安全的添加剂，如益生素使蛋鸡消化道菌群平衡，降低蛋鸡患病率，促进生产；如中草药添加剂，具有消食、镇静、驱虫、解毒、杀菌消炎等功能，可促进新陈代谢、增强抗病力，提高饲料转化率；第四，除杆菌肽锌允许在常规饲料使用外，其他抗生素药物应限制使用；第五，应用饲料药物添加剂时要有针对性，应随蛋鸡品种、生产阶段、环境、季节、区域的不同而不同；第六，根据季节变化，进行配方调整。夏季产蛋鸡采食量下降，应适当提高饲料营养成分浓度。在产蛋高峰期，蛋白质和代谢能水平，应分别从 16.5% 及每千克 11.5 兆焦调整为 17.6% 及每千克 12.3 兆焦，并相应调整其他营养成分比例。

二、特 点

蛋鸡饲料配方优化技术主要利用原料可消化氨基酸含量和蛋鸡理想蛋白质模式平衡蛋鸡日粮蛋白质和氨基酸，使日粮中各种氨基酸含量与蛋鸡的需要完全符合，使蛋鸡饲料中氮素转化效率最大，兼顾能量和蛋白质比例，使用酶制剂提高植酸磷的利用效率，使碳和磷等营养素排出可减至最少。使用益生素、中草药等添加剂，平衡消化道菌群，提高蛋鸡抗病力，降低发病率，实现健康养殖。通过蛋鸡饲料配方的季节性调节，实现均衡生产；通过原料就地取材和根据原料现状及价格调整配方，做到收益最大化。

三、成 效

通过实施蛋鸡饲料配方优化技术，科学合理地确定各种原料的配比，使蛋鸡饲料转化效率最大，营养素排出可减至最少，且能充分发挥蛋鸡生产性能，获得数量多、品质好、成本低的产品。实践证明，按可消化氨基酸和理想蛋白质模式计算并配制的产蛋鸡饲料，可使日粮蛋白质水平降低 2.5% 左右，鸡粪中氮含量减少 20% 左右。山西晋龙集团低豆粕型蛋鸡饲料，自推出以来，有效降低了蛋鸡养殖的饲料成本，使每只鸡的养殖效益比用普通豆粕型日粮提高 10 元钱，有效地帮助养殖户提升了蛋鸡养殖效益，因而受到广大养殖户的欢迎。山西晋龙集团不仅带动了当地蛋鸡养殖业的发展，而且公司产品的市场占有率也在不断上升。集团总部所在地——稷山县的蛋鸡存栏量逐年上升，目前已达到了 700 多万只，而集团 2011 年的饲料销量也突破了 50 万吨，稳居省内第一。

四、案 例

山西省运城市稷山县晋龙集团晋华畜禽产品开发有限公司拥有百万只蛋鸡养殖场，现存栏蛋鸡 60 万只；圈舍建筑面积 7500 平方米，8 层 H 型重叠式鸡笼，采取自动喂料、饮水和控温，通过实施蛋鸡饲料配方优化技术，提高了饲料转化效率、蛋鸡生产性能，鸡蛋

品质好。在晋龙集团的带动下，2010年稷山县畜牧业（该县养殖业以蛋鸡为主）总产值达到4.7亿元，占该县农业总产值的52.11%。此外，1万余名农村富余劳动力的就业问题也得到了解决。

山西省运城市稷山县西社镇三界庄张双燕饲养蛋鸡1万只，一直使用晋龙的饲料产品。过去养鸡一只鸡只赚到20多元钱，现在一只鸡能赚到40多元钱。今年又投资新建了一栋存栏4000只鸡的半开放式鸡舍，养鸡事业越办越红火。新绛县北张镇北董村的张兰香养鸡五六年，使用晋龙饲料两年多，她发现晋龙饲料颜色黑，但是使用后产蛋高峰持续时间长，她的一批鸡90%达到了近10个月之久。还有一个最显著的特点是夏季使用晋龙饲料的蛋鸡采食量大，蛋重重，鸡体消耗少，淘汰鸡体重平均每只鸡比采食其他饲料的鸡重将近100克（图2-11～图2-19）。

图2-11 饲料厂概况

图2-12 饲料车间

图2-13 饲料加工

图2-14 化验检测室

图2-15 示范园鸟瞰图

图2-16 产蛋鸡舍

图2-17 鸡蛋收集

图2-18 鸡蛋清洁

图2-19 鸡蛋包装

（白元生）

第四节 地方饲料资源开发利用

一、概 述

（一）地方饲料资源分类

地方饲料又叫非常规饲料，非常规饲料原料是指在配方中较少使用，或者对营养特性和饲用价值了解较少的饲料原料。我国地方非常规饲料资源非常丰富，主要包括作物、树木以及食品加工下脚料等，在这一类非常规饲料资源中适合于蛋鸡生产的地方饲料资源主要有以下几种。

1. 糟渣、废液类

主要包括酒糟、酱油糟、醋糟、玉米淀粉工业下脚料，柠檬酸滤渣、糖蜜、甜菜渣、甘蔗渣，淀粉工业、酒精、柠檬酸废液等。

2. 非常规植物饼粕类

主要有芝麻饼（粕）、花生饼（粕）、向日葵饼（粕）、菜籽饼（粕）、油棕饼（粕）、椰子饼（粕）等，随着加工工艺的不断改进，现行非常规饼（粕）类产品以对应的杂粕为主。

3. 动物性下脚料

主要指屠宰厂下脚料、水产品加工厂下脚料、昆虫等动物性饲料资源，这一类饲料资源的安全性评价工作已取得很大进展。

（二）地方饲料资源利用现状

伴随着畜牧业生产的发展，常规饲料越来越满足不了畜牧业生产发展的需要，在一些国家常规饲料的供需缺口越来越大，不得不寻求新型的饲料资源来代替，用以发展畜牧业；另外规模化生产与环境污染的矛盾越来越突出，如何既合理利用资源又能保护生态环境，已经提到了议事日程上来。

（三）地方饲料资源开发利用中存在的问题

1. 对开发利用地方饲料资源重要性的认识不够

长期以来，我国畜牧业生产，一直依赖用粮食来转化生产畜产品，很大程度上忽视了非常规饲料资源的开发利用。而资源相当丰富的非常规饲料得不到合理的利用，甚至以废物形式抛弃，使得饲料资源价位居高不下，尤其是蛋白饲料资源，2012 年国内市场豆粕价格最高达到每吨 4750 元，而进口鱼粉价格达到每吨 12000 元。

2. 地方饲料资源开发利用的方式不成熟

非常规饲料直接用来饲喂，会大大降低使用效率，需经处理才能加以利用；但由于技术因素，部分加工方式导致饲料营养价值的下降，有待于进一步完善；另外非常规饲料资源加工时的各项条件参数都没有系统化、标准化，加工产品的质量也受到影响，影响地方

饲料资源的利用效率。

3. 不同区域地方饲料资源质量标准不一致

非常规饲料加工产品的质量很不稳定，受到很多因素的影响。不同来源、不同加工方式的原料生产出的产品质量各不相同，设立统一的质量标准相当困难，给饲料厂技术人员设计饲料配方增加了工作量，尤其是同一区域地方饲料资源在不同时期因加工工艺的影响，产品质量标准也不一致，对缺少检测手段的中小饲料加工企业，应用难度会更大，从而选择了放弃地方饲料资源的利用。

4. 地方饲料资源在日粮中的适宜添加量尚未确定

非常规饲料可以代替部分常规饲料，已经获得确切的认识，而且在降低饲料成本、增加经济效益等方面也得公认；但在日粮中以确保良好的饲养效益和经济效益为目的的添加量还缺乏成熟的理论依据和参考数据。

（四）地方饲料资源开发利用前景

从营养角度来看，有的非常规饲料资源营养价值相当高，开发利用前景看好。如构树叶、榆树叶、松树针等，其蛋白质含量一般占干物质的23%～29%，是很好的蛋白质补充料。同时它们还含有大量的维生素、生物激素及植物杀菌素，对畜禽的生长发育有很大的好处；此外，开发利用非常规饲料资源还可使一些物质变废为宝。如酒精废液、味精废液等，经发酵法处理这些废液即可生产出大量的单细胞蛋白质，是很好的饲料来源，同时使环境免遭污染。如果将有利于环境的作物进行产业化开发生产，既是解决饲料不足、增加收入的重要途径，又能使生态环境得以良性循环。

二、特 点

（一）不同动物科学使用，变非常规为常规

非常规饲料是一个相对的概念，一种饲料原料对一种动物是非常规饲料原料，但换了饲喂其他动物可能就是常规饲料。像我国大部分地区农村养殖户都利用玉米和小麦秸秆饲喂牛羊，这些秸秆就可以看作是牛羊的常规饲料。但是，如换作饲喂猪禽，就是非常规饲料，要通过特殊处理才能加以利用。所以，我们应根据饲料原料的营养特性和畜禽的消化特性，尽量把非常规饲料原料用到其消化利用率高的动物上，变非常规为常规。

（二）科学利用研究

由于研究数据的缺乏，大多数非常规饲料原料的营养价值评定不太准确，没有较为可靠的饲料数据库，增加了日粮配方设计的难度。因此，非常规饲料原料应用之前，一定要对其养分含量进行检测，对其营养价值进行正确评定，建立相应的数据库，为合理的使用和日粮配方的设计提供基本参数。

（三）安全使用研究

非常规饲料原来大多含较多的抗营养因子或有毒有害物质，必须对其进行安全性检

测，使其符合饲料卫生标准。

（四）环保与经济性结合

非常规饲料资源的利用必须从整个养殖环节进行协调。当前很多工业废液、废渣的处理是困扰企业发展的一个难题，因此，企业从保护环境和循环经济的角度考虑，可以对副产品进行加工处理，变废为宝，增加收益；工业企业对其非常规饲料原料进行脱毒、营养平衡、安全检测、非营养调控等加工预处理，生产出具有实际应用价值的畜禽饲料产品；养殖环节要对非常规饲料原料的产品通过饲喂效果、产品品质等方面进行市场反馈。

三、成　效

我国地方饲料资源由于来源广泛，种类繁多，成分复杂，营养成分变异大，品质质量不稳定，营养价值评定不明确等原因导致不同饲料资源间开发利用效果不一，蛋鸡生产中主要利用成效有以下几种。

（一）植物性非常规饲料资源

1. 非常规植物饼粕

这类饲料中的花生饼、芝麻饼、向日葵饼等由于不含毒素，可直接作为蛋白质饲料；而油茶饼、菜籽饼粕等因含有毒素需经水解、膨化、酸碱处理、发酵等方法脱毒后才可利用。

2. 糟渣、废液类

这类饲料中蛋白质含量高（啤酒酵母等）可作为蛋白质饲料；含糖量高（甜菜渣等）可作能量饲料；纤维含量高（甘蔗渣等）可作为反刍动物的粗饲料。

（二）动物性非常规饲料资源

这类饲料分为动物蛋白质和动物矿物质资源两类。动物矿物质资源一般经过粉碎等物理加工后可直接利用，动物蛋白质资源常用热喷法、膨化法、发酵法等方式处理后才可利用。

四、案　例

棉籽粕是棉籽经脱壳去油后的副产物，总产量在我国仅次于豆粕，是一项重要的植物蛋白饲料资源。我国是产棉大国，年产棉籽粕约 500 万吨，其粗蛋白质含量为 36%～42%（相当于豆粕的 85%），代谢能每千克达到 7.11～9.62 兆焦，其中，含有各种丰富的微量元素及 B 族维生素，在饲料中适当添加可以降低养殖成本，但由于棉籽粕中又含有一定的有毒物质，如游离棉酚，在蛋鸡饲料中添加量过高，会引起棉酚的累积中毒现象，同时，还会导致氨基酸和微量元素铁的利用率下降。此外，棉籽粕中的植酸和单宁也会影响蛋白质等多种营养物质的吸收。每千克蛋鸡日粮中的游离棉酚的含量要小于 20 毫克。

国内外对棉籽粕的利用主要通过物理法（如热处理法、凹凸棒石处理法）和化学法（有机溶剂萃取法、丙酮萃取法、丙酮水溶液浸提法、生物发酵法、化学反应法）脱毒进行利用。以上各种方法中以热处理法的高温膨化技术及化学处理法的微生物发酵对提高棉籽粕

的利用率效果较好。

浙江大学发现，在蛋鸡饲粮中添加 8% 膨化棉籽粕对蛋鸡生产性能、蛋品质及血清生化指标无明显影响。棉籽粕膨化处理能有效降低游离棉酚对蛋鸡生产性能和蛋品质等的影响，提高蛋鸡对棉籽粕的利用能力。广东省农业科学院证明，利用微生物发酵脱毒棉籽粕代替部分豆饼饲喂蛋鸡，日粮中脱毒棉籽粕添加量以 7.66% 经济效益最好。

（韦启鹏）

第三章　生产与管理技术

第一节　两段式"全进全出"标准化饲养管理技术

一、概　述

两段式"全进全出"蛋鸡饲养管理是将整个蛋鸡生产周期划分为后备期（0～15周龄）和产蛋期（16周龄～产蛋结束）两个阶段，通过建立专门的后备鸡场和蛋鸡场，实行一个场区一个日龄的"全进全出"的专业化饲养管理模式。

（一）后备鸡的饲养管理

1. 做好育雏前的准备

进雏前根据本场的具体条件制定完备的育雏计划，每批进鸡数应与产蛋鸡舍的容量大体一致。进雏前两周鸡舍准备完善，并做好清洗和消毒工作，后备鸡舍和产蛋鸡舍的比例为1∶3。

2. 环境控制

（1）温度　是育雏的最主要环境条件，在第1～3天，温度以34～35℃为宜，4～7天为32～33℃，每周降2～3℃，至室温20℃。

（2）湿度　育雏初期的相对湿度以70%～75%为宜，10日龄以后，相对湿度在55%～60%为宜。

（3）通风　使鸡舍内二氧化碳浓度控制在0.5%以下，氨的浓度不应高于每立方米15毫克，硫化氢不超过每立方米10毫克。

（4）密度　密度大小应随品种、日龄、通风、饲养方式等而调整，雏鸡1～2周龄饲养密度，笼养每平方米60只，平养每平方米30只，随日龄增长饲养密度逐渐降低。

3. 饲喂技术

（1）饮水　一日龄雏鸡第一次饮水称为初饮，一般在毛干后3小时即可接到育雏室，给予饮水。第一周喂温开水，水温保持与室温相同，水中可加维生素，葡萄糖，有利健康。一周后直接饮自来水即可。

（2）开食　雏鸡第一次吃食称为开食。在雏鸡孵出后24～36小时，已有60%～70%的雏鸡有啄食表现即可开食。

（3）补喂沙砾　从7周龄开始，每周100只鸡应给予不溶性沙砾500克，装在吊桶或投入料槽，沙粒不仅能提高鸡的消化能力，而且还可避免肌胃逐渐缩小。喂前冲洗干净，再用0.01%的高锰酸钾消毒。

（二）产蛋鸡的饲养管理

1. 开产前后饲养管理要点

（1）适时转群 在 15 ~ 16 周龄转入产蛋鸡舍，转群同时整理鸡群，把发育不良的、病弱的鸡只淘汰掉。

（2）改换饲料 即由生长饲粮换为产蛋饲粮，当鸡群产蛋率达到 5% 时，换成产蛋日粮为宜。一般从 18 ~ 19 周龄更换。更换方法：一是设计一个开产前期饲料配方，含钙量在 2% 左右，其他营养水平同产蛋期；二是产蛋饲料按 1/3、1/2 等比例逐渐替换，直到全部改为产蛋鸡日粮。

(3)饲喂 高产蛋鸡对营养需要极高。除按鸡种的不同供给不同营养水平的全价日粮外，还要满足其自身的营养需要。所以从鸡群开始产蛋之时起，应让母鸡自由采食，并一直实行到产蛋高峰和高峰过后的 2 周为止。

（4）适宜的体重标准 后备母鸡体重的定期称测并与鸡体重标准相对照，这是经常性的重要工作。实践证明，鸡群开产时如能普遍达到体重标准，生长发育比较一致（即达到了开产体重的适宜化和整齐化），开产的个体比例比较集中和整齐，就能按期达到产蛋高峰，实现全期产蛋率高。

2. 环境控制

（1）温度 产蛋适宜温度为 13 ~ 25℃。

（2）湿度 如果温度适宜，鸡体能适应的湿度为 40% ~ 72%，最佳湿度为 60% ~ 65%。

（3）通风 为保持适宜的环境条件，必须更加重视通风换气，使空气质量达到育雏期标准。

（4）光照 产蛋期应遵循时间不能缩短、强度不能减弱的原则。光照时间从 20 周开始增加，产蛋高峰时达 16 小时。光照强度以 10 勒克斯为宜。

3. 日常管理

（1）观察鸡群 饲养者应每天观察鸡群的健康状况，采食和饮水情况，鸡舍的环境变化，以及生产异常情况，并及时采取有效的处理措施。

（2）减少应激因素，保持良好而稳定的环境 任何环境条件的突然变化都能引起应激反应，使产蛋量受到大幅度的削减，因此，这个阶段要保证满足鸡群高产的营养需要和环境条件，减少鸡群的应激。

（3）按综合性卫生防疫措施的要求进行各项日常操作 注意保持舍内外环境的清洁卫生，经常洗刷水槽、料槽和饲喂用具等，并定期消毒。

（4）做好生产记录 生产记录反映了鸡群的实际生产动态和日常活动的各种情况，通过它可及时了解生产，指导生产，也是考核经营管理效果的重要根据。

（5）防止饲料浪费 通过科学的配方设计、合理的饲喂技术减少饲粮的浪费，提高经济效益。

（6）保证水质良好并全天供应饮水 必须确保全天供应水质良好的饮水，还应每天清洗饮水器或水槽。产蛋期蛋鸡的饮水量随气温、产蛋率和饮水设备等因素不同而异，大约每天每只的饮水量为 200 ~ 300 毫升。

二、特 点

（一）饲养过程分为后备和产蛋两个阶段

两段式饲养将传统的育成鸡分别在育雏舍或产蛋鸡舍中饲养，不需要专用的育成鸡舍，减少了育成舍的建设投入，降低了建筑成本。整个蛋鸡饲养分为后备鸡和产蛋鸡两个阶段。商品鸡场无论是平养还是笼养，雏鸡从1日龄开始在后备鸡舍内饲养至15周龄，再转入产蛋鸡舍。

（二）生产过程只进行一次转群

转群是鸡饲养管理过程中重要一环，处理不当对鸡将产生较大的应激。这种应激来自两方面，一是转群本身直接产生影响，二是对新的环境不习惯而产生应激。传统的蛋鸡生产分别在6～7周龄和17～18周龄进行二次转群，而两阶段饲养只在15～16周龄转群一次，减少了转群对蛋鸡造成的应激反应，并且二阶段饲养方式鸡在较小的年龄转入永久性的产蛋鸡舍，有预防应激的作用。

（三）后备鸡和产蛋鸡分别作为生产过程的单体

两阶段"全进全出"将后备鸡和产蛋鸡分别作为生产过程的独立体，有效避免了两者的相互干扰，后备鸡和产蛋鸡可根据各自的生理特点分别进行饲养管理，管理手段和生产技术更加专门化和专业化，鸡出场后，可对设备进行彻底清扫、冲洗、消毒，可切断疾病的循环感染。

三、成 效

（一）实现了管理技术的创新

两阶段"全进全出"饲养模式将蛋鸡生产分为后备和产蛋两个阶段，这两个阶段分立门户，后备鸡舍只养同一日龄的一批鸡，待养至15周龄时全部转入产蛋鸡舍，改变了传统的多日龄鸡混养一场的方式，可以实现对整个养鸡场进行彻底的清扫、冲洗、消毒和空舍，能最大限度的消灭场内病原体，防止各种传染病的循环感染，而且采取的技术方案单一，管理简便。

（二）便于使用科学的饲养方式

目前，笼养蛋鸡易发生过肥、脂肪肝综合征、骨质疏松症、惊恐症和啄癖等工艺病综合征，这些疾病与笼养鸡所处的特定环境条件有关，并且蛋鸡笼养已经受到了发达国家动物福利组织的质疑，两阶段"全进全出"饲养模式下后备鸡和产蛋鸡可采用不同的饲养方式，后备鸡可采用平养的饲养方式，既可以减少工艺病综合征的发生，又可以锻炼后备鸡的体质，提高上笼合格率。

（三）可推动蛋鸡生产指标的提升，实现蛋鸡行业的可持续发展

两阶段"全进全出"的蛋鸡饲养方式可使养鸡生产更加专业化，由于减少了一次转群对鸡造成的不良影响，大大降低后备鸡死淘率，提高了后备鸡的体重和均匀度。两阶段"全进全出"较传统的三阶段饲养方式转群后留给产蛋鸡缓冲的时间较多，从而提高蛋鸡的产蛋率，延长了产蛋高峰的持续期，提高了蛋鸡的成活率。

四、案 例

吉林省前郭县光明蛋鸡养殖场位于松原市前郭县吉拉吐乡，图乌公路 722 千米处，东临松花江，西距公路 1.5 千米，南北为棚菜种植区，防疫条件优越。场区占地 2.75 万平方米，育雏舍面积 1400 平方米，产蛋鸡舍面积 7000 平方米，辅助建筑面积 1800 平方米，生产区与生活区严格分离。为"两段式"全进全出饲养管理模式。现存栏产蛋鸡 60000 只，日产鲜蛋 3000 千克，占市区鲜蛋市场的 10% 以上。 2007 年通过国家无公害产地认定和产品认证，目前是松原市养殖规模最大，养殖经验最丰富，技术力量最雄厚的国家级标准化养殖场（图 3-1～图 3-6）。

鸡场实现了给料、饮水、清粪、消毒、消暑的全部自动化。2011 年合资建设有机肥加工厂一座，日处理鲜鸡粪 10 吨，实现了鸡粪的无害化和效益化。

无公害鲜蛋生产完全按照国家标准"农办质 [2012]8 号"进行。15 周龄前在育雏舍饲养，15 周龄以后转入产蛋舍，7 周龄开始每日在鸡群饲料中添加中草药制剂，连饲 3 天，远离抗生素，增强了鸡体免疫力，控制了疫病，提高了效益。年产蛋 19 千克，料蛋比达到 2.3:1。

鸡场自成立以来，一直坚持规模化经营，标准化生产，市场化管理的现代企业模式运作，取得了良好的经济效益和社会效益，带动了周边乡镇蛋鸡饲养业的快速发展，辐射带动周边大户 22 个，饲养蛋鸡达 35 万只，在满足本地区市场需求的同时，运销到广州、哈尔滨等地。

图 3-1 养殖场外景

图 3-2 鸡舍

图 3-3 鸡舍内部

图 3-4 育雏舍内部

图 3-5 自动喂料

图 3-6 鸡舍内部

（王英明）

第二节 中小规模标准化蛋鸡饲养技术

一、概 述

（一）选址与布局

1. 选址

符合用地规划及畜牧法规定的区域；地势高燥，通风良好；水源稳定，电力供应充足，交通便利。

2. 布局

按饲养工艺流程要求布置建筑物，利于生产，方便管理。按主导风向、地势高低和水流方向依次设置生活区、办公区、生产区和废弃物处理区，净道和污道分开。

（二）设施与设备

1. 主要设施

① 鸡舍为全封闭式，鸡舍和附属建筑可采用砖混或轻钢结构。

② 贮粪棚、焚烧炉等废弃物无害化处理设施。

③ 鸡场大门和生产区入口设有人员消毒室、更衣室和车辆消毒池。

2. 主要设备

① 专用笼具。

② 播种式或行车式喂料机等机械上料设备。

③ 自动饮水和净化设备。

④ 湿帘、风机等机械通风降温设备。

⑤ 刮板式或传送带式清粪设备。

⑥ 专用消毒设备。

（三）饲养工艺

① 鸡场存栏规模 1 万～ 10 万只，每栋存栏鸡只 0.5 万～ 1 万只；分批引进雏鸡，单栋全进全出；采用机械喂料、刮粪、通风降温及自动饮水。

② 采用两阶段或三阶段笼养工艺。两阶段是指 0 ～ 10 周龄在育雏育成舍饲养，11 ～ 72 周龄在产蛋鸡舍饲养；三阶段是指 0 ～ 6 周龄在育雏舍饲养，7 ～ 17 周龄在育成舍饲养，18 ～ 72 周龄在产蛋鸡舍饲养。一般 0 ～ 5 周龄供给商品料，6 ～ 72 周龄使用自配料。

（四）饲养标准与日粮配制

1. 饲养标准

（1）生长期营养需要 建议量见表 3-1。

表 3-1 生长期营养需要建议量

阶段	0～6周龄 至480克	6～8周龄 至690克	8～15周龄 至1340克	15周龄～ 5%产蛋率	5%～50% 产蛋率
粗蛋白质,%	19	16	15	15.5	18
ME, 兆焦/千克	11.51～12.43	11.51～12.66	11.51～12.89	11.42～12.15	11.13～12.06
赖氨酸,%	1.10	0.90	0.70	0.72	0.96
蛋氨酸,%	0.48	0.44	0.39	0.35	0.50

（2）产蛋期营养需要　建议量见表3-2。

表 3-2 产蛋期营养需要建议量

阶段	50%产蛋率～32周龄	32～44周龄	44～55周龄	55周龄以上
粗蛋白质,%	18	17.5	17	16
ME, 兆焦/千克	11.69～12.33	11.69～12.24	11.51～12.89	11.51～12.66
赖氨酸,%	0.93	0.91	0.88	0.86
蛋氨酸,%	0.48	0.48	0.45	0.43

2．日粮配制

① 根据不同阶段鸡只营养需要量，确定日粮配方。

② 选择合格原料，检测其营养成分含量。

③ 严格按照混合技术规程操作，定期检测混匀度。

（五）饲养管理

1．雏鸡（0～6周龄）

（1）**雏鸡选择**　从具有种畜禽生产经营资质、血缘清楚、种鸡质量好且无垂直传染疾病的种鸡场购买雏鸡。

（2）**雏鸡运输**　雏鸡宜在出壳24小时内进入育雏舍内。运输前对车辆、运雏箱消毒。运输时防止车辆颠簸。

（3）**开食和饮水**　雏鸡宜在进入鸡舍0.5小时内饮水，初饮水需添加葡萄糖、抗生素、多维素等；初饮后雏鸡即可开食。

（4）**温度和湿度**　适宜温度，第一周33～30℃，第二周30～29℃，经四周逐渐过渡到20～18℃。相对湿度，1～10日龄70%，11～30日龄65%，31～45日龄60%。

（5）**通风换气**　舍内二氧化碳浓度应在0.2%以下，氨气每立方米20毫克以下，硫化氢每立方米15毫克以下。若超过允许范围，应尽快换气。

（6）**密度和光照**　密度，一般4周龄前，笼养每平方米40只，4周龄后降低。光照，1～3天每天23小时，从第4天起每天14小时，此后每天逐渐减少0.25小时；光照强度，第一周10勒克斯，以后为5勒克斯。

（7）**断喙**　雏鸡出壳后6～10日龄断喙，把上喙断掉1/2，下喙断掉1/3。

2. 育成期（6 ～ 20 周龄）

目标是使鸡只体质状况良好，体重符合品种标准。前期要做好由育雏期向育成期的过渡。笼养密度 6 ～ 12 周龄每平方米 24 只，13 ～ 20 周龄每平方米 14 ～ 16 只；限制饲喂防止早熟过肥；控制光照，满足采食和饮水需要。每周末抽测体重、测量跖长，根据体重、跖长和均匀度调整育成方案。在 10 ～ 12 周龄修喙。

3. 产蛋期（20 ～ 72 周龄）

目标是使鸡充分发挥其生产性能。根据产蛋量的变化规律掌握喂料次数和饲喂量。控制鸡舍环境，产蛋鸡最适温度为 18 ～ 24℃，温度保持在 10 ～ 24℃范围内可维持其良好的产蛋水平，冬季不低于 5℃，夏季不超过 30℃；相对湿度控制在 50% ～ 70%；光照强度 10 勒克斯，光照时间每天 16 小时；保持适宜的饲养密度，防止啄癖。

（六）疫病防控

加强饲养管理，降低鸡群的易感性；严格执行免疫程序，做好疫苗免疫接种；在免疫 2 ～ 3 周后，按规定采集一定比例的血样送有关部门进行抗体检测；保持鸡舍内外环境清洁干燥，定期进行消毒，杜绝和消灭传染来源。

（七）废弃物处理

鸡场废弃物主要包括粪（尿）、病死鸡、污水等。粪（尿）主要采取堆肥发酵后还田利用、生产沼气或有机肥等方法处理；病死鸡应深埋或焚烧处理；污水可采用沉淀法，将大部分污物沉淀后再排放。

（八）生产记录

每批鸡要有完整的记录资料。记录内容应包括引种、饲料、用药、免疫、发病和治疗情况、饲养日记等。利用完整的生产记录，可以掌握实际生产情况，分析存在的问题，及时采取措施。

二、特 点

根据我国蛋鸡产业发展现状，结合青岛市蛋鸡标准化养殖情况，总结中小规模蛋鸡场标准化饲养技术特点如下。

（一）选址与布局趋于合理

按饲养工艺流程要求布置建筑物，设置生活区、生产区和废弃物处理区，净道和污道分开。

（二）配备必要的设施设备

建有砖混或轻钢结构的鸡舍和附属建筑设施，配备了播种式或行车式喂料机、自动饮水和净化设备、湿帘和风机以及刮板式或传送带式清粪机，实行自动饮水和机械喂料、清粪、通风降温以及废弃物无害化处理。

（三）饲养品种以海兰褐商品代蛋鸡为主

据调查蛋鸡生产中主导品种为海兰褐商品代，占总存栏数的 90% 以上，其他是罗曼褐、伊莎褐、京红、农大褐等，占 10%。

（四）饲养工艺逐步完善

据调查现阶段鸡场以存栏 1 万只左右、每栋 0.5 万～1 万只为宜；实行分期分批引进雏鸡，做到单栋全进全出，有利于生产，便于管理。

（五）充分利用当地饲料资源，合理搭配饲料

根据不同阶段鸡只营养需要量，选择合适饲料原料，自行配制全价混合料，降低饲养成本。

（六）严格疫病防控

认真执行免疫程序，做好疫苗免疫接种；定期进行抗体监测；保持鸡舍内外环境清洁干燥，定期进行消毒，杜绝和消灭传染来源。

三、成 效

（一）规模鸡场发展迅速

随着蛋鸡规模化养殖和标准化场示范创建的发展，中小规模蛋鸡场发展迅速。据统计，截至 2011 年年底，青岛市存栏蛋鸡约 1200 余万只，其中，1 万～10 万只规模的鸡场总存栏蛋鸡约 800 余万只，占总存栏数的 66%，已是蛋鸡养殖的主体。

（二）标准化饲养技术应用效果逐步显现

2010 年以来，随着农业部"菜篮子"和青岛市标准化蛋鸡示范场财政补贴项目的推进和实施，促进了标准化饲养技术成果的推广应用，生产量和水平逐渐提高。据统计，2011 年青岛市鸡蛋总产量约 17 万吨，年均产蛋量每只 17～18 千克，料蛋比(2.2～2.3):1，育雏成活率 98%，死亡淘汰率 10%～15%。在年均产蛋量、料蛋比和死亡淘汰率等生产指标上均高于全国平均水平。

（三）设施设备逐步配套完善

在财政标准化和机械装备补贴项目的推动下，中小规模蛋鸡场的机械装备水平不断提高。据调查，青岛市规模鸡场实现机械喂料、机械清粪的高达 80% 以上，使用湿帘和风机等通风降温设备的占 50% 以上，自动控温、光照和视频监控设备的约占 25%（以上均是以使用设备的鸡只存栏数占总存栏数比值计算）。

（四）疫病防控措施扎实有效

在各级畜牧兽医行政主管部门以及相关机构以及财政动物防疫补贴项目支持下，中小规模蛋鸡场积极配合，强化免疫程序，做好免疫接种，定期进行鸡群抗体水平监测以及鸡

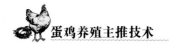

舍内外消毒,切断疫病的传染途径。多年来青岛市规模鸡场均未发生重大疫情,保证蛋鸡生产稳定发展。

四、案 例

山东省胶州市龙海鑫养殖场始建于 2003 年 5 月,位于胶州市李戈庄镇前辛疃村,占地 2 万平方米。该场为青岛市蛋鸡协会副会长单位,存栏规模和生产水平位居全市前列。

(一)主要设施设备情况(表 3-3)

表 3-3　主要设施设备配置情况

设施设备	面积 / 平方米	备注	设施设备	数量 / 套	备注
育雏育成舍	60×14×1		喂料机(播种机、行车)	9	
产蛋鸡舍	60×11×8	1 万只 / 栋	湿帘、风机及自动控温	9	
饲料库	60×12×1		自动控制光照	9	15 套程序
贮粪棚	60×16×1		刮板清粪机	9	

(二)生产情况

(1) **品种与存栏规模** 品种为海兰褐蛋鸡;年平均存栏蛋鸡 8 万只。

(2) **生产工艺** 采用两阶段笼养方式,即育雏育成舍 0 ~ 10 周龄,产蛋鸡舍 11 ~ 72 周龄;在 0 ~ 7 周龄供给商品颗粒料,在 8 ~ 72 周龄使用依据海兰褐蛋鸡不同阶段营养需要量自行配制的混合料。实现了自动喂料、饮水、刮粪、控温和光照。粪污以堆积发酵、密封运输和还田利用方式处理。

(3) **生产能力与水平** (图 3-7 ~ 图 3-16) 年生产商品蛋约 1360 吨;年均产蛋量每只18.5 千克,料蛋比 2.1 : 1,育雏成活率 98.5%,死亡淘汰率 8%。

(三)主要经验

(1) **加强鸡群观察** 每天早、晚各 1 次。早上主要查看鸡只精神、采食和粪便状况,晚上重点检查鸡只呼吸情况,及时发现并处理表现异常鸡只,保证鸡群健康。

(2)**重视鸡只体重** 在育雏育成阶段定期抽测体重,每 10 天 1 次。若体重未达品种标准,可适当延长光照时间来增加采食量。对发现的弱雏及时淘汰。

(3) **饲料成分检测** 对新购进饲料原料均进行质量和成分分析,定期检测混合料混合均匀度和营养成分含量,用以确保鸡群的营养供给量。

图 3-7 鸡场大门

图 3-8 鸡场远眺

图 3-9 播种机式喂料机

图 3-10 行车式喂料机

图 3-11 刮粪板

图 3-12 湿帘

图 3-13 采暖设备

图 3-14 喷雾消毒

图 3-15 视频监控

图 3-16 规章制度看板

（戈新）

第三节 大规模标准化蛋鸡饲养技术

一、概　述

改革开放以来，我国禽蛋业取得了举世瞩目的发展，禽蛋产量占世界的比例已超过了40%，成为世界第一大禽蛋生产国。近几年，国内商品代蛋鸡的饲养量趋于稳定，生产结构逐步完善，规模化蛋鸡场数量逐步增加，规模化蛋鸡场饲养技术和设备水平提高，一般都采用标准化饲养的模式，青年鸡和蛋鸡分场饲养，采用全进全出的饲养模式和科学的免疫程序。实现蛋鸡喂料、饮水、集蛋、集粪和环境控制自动化，提高了防疫水平和生产效率。

（一）层叠式鸡笼饲养

大规模蛋鸡场的饲养宜采用层叠式鸡笼饲养，分为层叠式鸡笼育雏育成和产蛋鸡饲养。

1.层叠式鸡笼育雏育成

为了适应育雏和育成的需要，层叠式育雏育成鸡笼分为育雏层和育成层，后备母鸡的质量和均匀度是关键性的问题，会影响到以后的产蛋性能。因此，在育雏育成阶段应成功地把握以下几个环节：①供料的均匀度；②饲料的快速分配；③笼子外面的料槽内没有粪便；④充足并卫生的饮用水；⑤笼间采用铁丝网隔断；⑥操作简便；⑦减少氨气浓度。

（1）育雏　育雏层与育成层相同，育雏层带有垫子，可确保雏鸡安稳立足（尤其是育雏的最初几天）。清理工作简单快捷。饲料的供给要保证雏鸡从第一天起就可以很容易地吃到笼子外面料槽中的饲料，却不能站进饲料中。通过调节横杆，可以根据鸡龄调节吃料口的大小，料槽的内沿应设有防止饲料的浪费的功能。雏鸡饮水的供应采用乳头饮水线，可以根据鸡的大小来调节高度，这样可以保证从一日龄就有充足的供水。

（2）育成　6周龄之后，后备母鸡被平均分配到鸡笼的各育成层。育成鸡直接从料槽中吃到饲料。后备母鸡可以通过横杆上面采食，直到18周龄转群。在育成层，乳头式饮水器安装在笼子内部的后面，确保每只鸡可以容易地喝到水。

2.层叠式鸡笼产蛋鸡饲养

18周龄以后转入层叠式蛋鸡笼，采用链式或行车式喂料系统和乳头饮水器，创造良好的鸡舍环境，使鸡的产蛋性能及所处环境因素达到最理想的状态。

（二）采用鸡蛋收集系统集蛋

规模化蛋鸡场应采用高标准的鸡蛋收集系统，以满足可靠性、操作简便、轻柔。鸡蛋收集系统配套有鸡蛋分级机和打包机。鸡蛋传送到配备分级机和打包机的房内，应采用一次性蛋托和包装箱，并标有生产日期，不仅可以保证鸡蛋质量，而且有利于防疫。

（三）使用乳头式饮水系统供水

为了使蛋鸡健康成长，应该供应新鲜干净的水，因此，必须使用可靠的水源供应系统，必须无污染，且容易喝到，蛋鸡应使用不带滴水杯的乳头饮水器和带滴水杯的乳头饮水器。

乳头饮水系统包括带冲洗的压力控制系统，用于中央供水或单面供水系统；乳头；带回旋保护的水位指示器；铝板和悬挂装置。

水源控制装置是很重要的，安装在水源和饮水器之间。正确的水压由压力调节器控制。分流装置确保加药器及时使用，而且采用过滤器确保提供清洁饮水。

（四）采用自动喂料系统喂料

1. 料塔

料塔包括内用和外用储存塔，塔体由镀锌钢板或玻璃纤维强化的塑胶材料制成，塔的尺寸由每日饲料消耗量和所需贮存时间决定。

2. 饲料运输系统

可选择绞龙、螺钻、铰链和链条运输器把饲料从塔体送进鸡舍，饲料不管是颗粒还是粉末都从塔体里安全而无损失地输送到鸡舍。目前，采用链条式和行车式喂料设备较多。

（五）利用鸡粪收集系统清粪

每层鸡笼下面配备有鸡粪传输带，粪便落在笼子下面的传输带上，粪便从各层的传送带落到与其十字相交的传送带上，然后既可以送到粪便贮存池，也可以通过另一条传送带直接送上卡车。干粪便有利于运输中节约成本及提高利用效率，更大的好处是有利于环保。

（六）采用自动化鸡舍通风、温度和光照控制系统控制舍内环境

为了确保鸡舍内良好稳定的气温与环境条件，需要安装一种通风设备，包括进气与排气设备，供热设备，和一种带有紧急启动系统的全自动控制系统。鸡舍通风包括横向通风、纵向通风和联合通风系统。安装了笼养管理系统的鸡舍，使用联合通风系统效果很好。如果外面气温低，通风系统以横向模式运行，保持室内气温稳定；如果外面气温高，通风系统以纵向模式运行，提供高速冷风，且能耗低。横向模式通风时，新鲜空气通过安装在两侧墙上的进气盖均匀进入室内，废气被安装在山墙上的风扇排出室外；纵向模式通风时，进气口关闭，空气被通道进气口以高风速纵向吸入室内，而且，使用湿帘可以提高降温效果。

理想的舍内温度对鸡的健康和生长性能具有巨大的影响，因此，在很多不同的气候区域内都需要配套合适的加热系统。加热系统的总目标是最大化的产生热量并以最佳的方式将热量传递到鸡群，从而将供热成本降到最低。可采用燃气、燃油或水暖的加热系统。光照控制系统一般根据蛋鸡各阶段光照时间和强度的需要进行设置，可达到自动控制。

（七）利用计算机管理鸡舍环境生产

控制鸡舍内气候和生产的计算机不仅控制舍内气候，还可以全面的管理生产，可记录所有关于生产、成长、饲料和水的消耗量、死亡率和气候的重要数据资料。可以对生产过程中的任何变化迅速反应，及时采取必要措施。从而取得更好的生产业绩，获得更高收益。

二、特 点

（一）场区规划布局合理

规模化蛋鸡场育雏育成和产蛋鸡分场饲养，鸡舍采用全封闭，每栋鸡舍饲养量大，一般单栋产蛋鸡舍笼位 5 万羽以上。

（二）采用自动化的饲养设备

饲养设施多采用层叠式鸡笼，包括育雏育成和蛋鸡饲养层叠式鸡笼，一般分为 3～8 层，饲养密度大。采用可靠性高、操作简便、轻柔的鸡蛋传送系统，安装乳头式的饮水系统以确保可靠的无污染的水源；自动喂料系统是通过饲料塔将饲料输送到鸡舍，并通过自动化控制系统将饲料输送到料槽，根据蛋鸡的需要调节饲喂量；鸡粪收集系统，每层鸡笼下面都安装有鸡粪输送带，通过定时传送输送带，将鸡粪输送到鸡舍外；自动化的鸡舍通风和温度控制系统，通过湿帘通风降温或加热系统进行加温，利用计算机控制环境和生产管理，满足蛋鸡在生长阶段和产蛋阶段的理想环境要求。

（三）饲养管理技术规范

规模化蛋鸡场饲养的蛋鸡品种一般都是从国外引进或国内商业化蛋鸡育种培育的配套系生产的蛋鸡。蛋鸡不同阶段饲喂不同配方的全价饲料。采用全进全出制度、规范的饲养管理程序、健全的防疫制度、科学的免疫程序和免疫方式以及完善的无害化处理系统。

三、成 效

规模化蛋鸡场饲养技术由于场区规划合理，鸡舍设计科学，相对占地面积小，空间利用率高，节约了土地成本。

养鸡设备、舍内环境控制等方面的自动化，改变了饲养工艺，大大减少了操作人员，降低了劳动强度，提高了劳动生产率，且减少了疫病的风险，使蛋鸡生产水平大幅提高。采用全套自动化喂料系统，可保持饲料的新鲜卫生，饲喂量得到精确控制，从而提高了料蛋比；利用乳头式饮水系统可保证不同年龄蛋鸡的饮水需求，不滴水并保持室内干燥清洁；自动化的通风系统可保持鸡舍内空气适宜的温湿度、新风量；在每层鸡笼的下面都设置一条纵向清粪带，每层鸡群的鸡粪就落在清粪带上，通过传输及时将鸡粪输出鸡舍外，减少鸡舍内的不良气体，为鸡群的生长创造了良好的条件，减少了疾病的发生。这样的鸡粪含水量大大降低可直接卖给农户，也可以加工成为有机复合肥，既提高了经济效益，又避免了环境污染；选择正确的鸡蛋收集系统可以达到节省时间和开支，生产高质量的鸡蛋，比如，洁净的鸡蛋和最少的裂纹蛋和破损蛋，也有利于鸡蛋品牌的创建。

规模化的蛋鸡饲养技术可以使蛋鸡年平均每只的产蛋量达 19～20 千克，料蛋比为（2.2～2.1）：1，育雏育成率和产蛋期成活率都比使用传统工艺饲养有较大提高。

四、案 例

上海军安特种蛋鸡场

上海军安特种蛋鸡场占地面积 3.6 万平方米，存栏蛋鸡 30 万只，育雏育成鸡舍 2 栋，采用四层层叠式鸡笼饲养，产蛋鸡舍 7 栋，其中，4 栋为四层层叠式鸡笼饲养，2 栋三层和 1 栋四层阶梯式笼养。

饲养设备由广州广兴牧业设备有限公司提供，鸡场拥有自动化的喂料系统、自动饮水系统、多层层叠式蛋鸡饲养设备的清粪系统、自动集蛋和输送系统以及自动通风湿帘降温系统。

鸡场配备有鸡蛋加工车间，与自动集蛋和输送系统相连接，根据市场需要对鸡蛋进行分级包装和液蛋加工；饲料加工车间为鸡场提供饲料；鸡粪处理厂将产出的鸡粪加工成有机肥销售（图 3-17 ～图 3-24）。

图 3-17 料塔

图 3-18 产蛋鸡舍

图 3-19 育雏育成鸡舍

图 3-20 全自动加料系统

图 3-21 湿帘

图 3-22 集蛋设备

图 3-23 乳头饮水设备

图 3-24 清粪设备

（陆雪林）

第四节 绿色蛋品生产管理技术

一、概　述

　　鸡蛋是我国比较传统的农产品，自 1985 年以来，我国禽蛋总产量已经连续 19 年居世界第一位。但鸡蛋产品还有着它的特殊性——它不像蔬菜、肉类可以直观地看到并通过经验判断其品质，所以，人们反而忽略了天天都在食用的鸡蛋，但它的安全问题依然存在。由于目前的养鸡行业"门槛"不高，所以，市场上 95% 以上的鸡蛋都是由农户和小企业生产，由于资金、技术、管理等多方面的限制和市场价格的恶性竞争，致使鸡蛋价格偏离于正常生产成本。而生产者为追求利润，大量使用廉价的劣质饲料，为降低疫病风险，就滥用抗生素。为求高产，又大量使用合成激素。其结果是显而易见的，鸡蛋品质下降，营养失衡，致病菌、抗生素、激素、农药残留严重超标。随着人们生活水平的提高和膳食营养科学知识的普及，广大消费者日益崇尚绿色食品，要求能够方便地买到"放心蛋"，并青睐于"无铅蛋"、"高锌蛋"等安全卫生的蛋品。绿色蛋品生产供应必须从源头抓起，继之是加工、包装、运输、物流配送，直到终端市场贮存保鲜，步步按照标准化运作，实行全程质量监控。严把饲料及药物使用关。要把种植业与绿色养殖业有机结合起来，除保证水质、空气、粪便处理等环境卫生指标必须达到绿色食品生产的基本要求外，还需要选用优良品种，并严格遵循可持续发展原则，贯彻执行国家有关规定，进行规范化饲养，提高绿色蛋品业的发展。

（一）饲养场的建设

　　（1）**选址**　要遵循无公害、生态秩序发展的原则，切忌急躁，要考虑多方因素，一是要了解所在区域的家禽饲养量和疫病的流行情况；二是距离主干道和居民区 500 米以上；三是选择地势较高、干燥、平坦、排水、向阳、背风、水源充足的地方。

　　（2）**布局**　场区可设立生活、办公、辅助生产、生产、污粪处理等区域。蛋鸡场各种房舍分区规划，按地势和方向安排，利用地势高低和主导风向，将房舍按照防疫需要的先后顺序排列。

　　（3）**鸡舍建造**　可根据鸡群的种类建造相应的鸡舍，以综合性蛋鸡场为例，根据鸡群间生产流程顺序排列种鸡舍－种蛋室－孵化室－育雏舍－育成舍－蛋鸡舍。鸡舍的类型分为开放式、半开放式和封闭式，可根据自身的条件选择建造。

（二）饲料配制

　　（1）**选择易消化吸收，利用率高的饲料原料**　一般饲料中粗纤维含量不宜过高，根据鸡只自身合成养分能力差的特点，部分养分要通过饲料添加，根据饲养标准，配合饲粮时要考虑能量、蛋白质、维生素及矿物质。谷物是能量的主要来源，配合饲粮必须有一定的谷物。

　　（2）**配合饲粮时应注意的问题**　第一，饲料种类尽可能的多一些；第二，注意饲料品质和适口性；第三，注意饲料的粗纤维含量；第四，饲粮的配合应有相对的稳定性；第五，科学配置理想的蛋白质、氨基酸平衡日粮；第六，合理使用环保、营养型饲料添加剂，比如酶制剂、有机酸制剂、微生态制剂、中草药添加剂等。

（三）标准化饲养管理

1. 育雏阶段的饲养管理

① 根据育雏舍的大小、鸡群的整体周转制定育雏计划，做到全进全出，空闲时间为1个月。

② 注意初饮、开食、断喙等阶段性的工作，安排责任心强，有育雏经验的专业人员，封闭式管理 2 ～ 6 周。

③ 做好温度、湿度、燃料、饲料、鸡群健康状况的检查工作，及时清粪，保持良好的通风。

2. 育成期的饲养管理

① 转移至育成鸡舍前 1 周称重，计算平均体重和均匀度，淘汰有严重缺陷、体重过重和过轻的鸡。

② 做好日粮的过渡，7 周龄开始更换饲料，分别用 1/3、1/2、2/3 的青年鸡料替换育雏料，更换 1 周，如果体重不达标可继续饲喂育雏料直至达标为止。

③ 防止鸡只采食过多，造成体重过大或过肥，要采取限制饲喂的方式，每周称重 1 次，按鸡群的 3% 抽样检查限饲的效果。

④ 做好饲养密度、免疫、光照时间、温度、通风、卫生、消毒等工作，特别是在17 ～ 18 周转群前后，在饲料中要添加多维，饮水添加电解质，减少应激反应。

3. 产蛋鸡的日常管理

① 注意观察鸡群的精神状态和粪便情况。保持鸡舍的温湿度，产蛋阶段的适宜温度为 13 ～ 28℃，理想湿度为 60% ～ 70%，保证适宜的光照时间，做好生产记录，内容包括鸡数、存栏数、死亡数、产蛋量、产蛋率、耗料、体重、蛋重、舍温、防疫等。

② 认真制定和严格执行科学的管理程序。生物饲料和预混料由公司统一购进。饲料加工中必须严格按公司配方成分加工，按照蛋鸡生长各个阶段营养需求，使用符合国家有关标准要求的饲料进行配制。不添加对动物和人体有害物质超标的原料（包括人工增色剂）和国家明文禁止使用的饲料添加剂。饲料要求无霉变、无结块、无异味。使用药物饲料添加剂应严格执行中华人民共和国农业部发布的《药物饲料添加剂使用规范》，称量准确，搅拌均匀。执行休药期制度。配料室应有专人管理，保持卫生整洁。定期消灭老鼠，所用灭鼠药不可造成二次中毒。饮水卫生，饮用水要符合国家生活饮用水标准，使用水槽饮水时每天刷洗水槽，使用乳头式饮水器时要安装过滤器和自吸式加药器。鸡舍固定饲养人员，每天的工作程序不要轻易改动，发现死鸡和疾病严重的病鸡及时处理，一般采用高温发酵和深埋的方法（坑深 80 厘米以上）。粪便处理，鸡舍粪便必须每 3 天清理一遍，用封闭垃圾车运往有机肥车间，清理后应用清水冲洗消毒。对鸡场鸡舍的废水垃圾及时清扫处理，并对垃圾堆放的地方清扫后，定时消毒，（夏季一般每半月消毒 1 次）。所有粪便及废弃物必须集中存放，发酵处理。粪便及废弃物的存放场地应设在鸡场下风处。污水处理应采用沉淀法，将大部分污物沉淀后再排放，有条件者，加设生物处理池（如沼气）处理后排放。

③ 适时收蛋，蛋鸡的产蛋高峰一般在日出后 3 ～ 4 小时，下午产蛋量占全天的 20% ～ 30%。因此，每天上下午各捡蛋 1 次，夏季 3 次。捡蛋时动作要轻，减少破损，防止粪便、苍蝇等污染鸡蛋。每次捡蛋前要用药皂洗手，必要时戴上橡胶或塑料或洁净棉手套。捡蛋时要轻稳，防止鸡蛋磕碰，对有裂纹、粪污、血污、破损以及畸形的鸡蛋另行放置，不得与洁净蛋放在一起。装箱时，应按照大小一致、皮色一致、形状一致的要求挑选装箱。养鸡基地饲养过程中发现病鸡，应及时通知公司，并将病鸡隔离饲养，由技术人员前去诊治。治病期间及病愈后 7 天内的鸡蛋要另行装箱，不得作为无公害鸡蛋售出。以后所产鸡蛋由技术人员签字后方可按无公害鸡蛋装箱。

（四）绿色无公害蛋鸡的集蛋与处理

① 每次捡蛋后应立即送到蛋库进行初步分级，此后进入后处理车间，禁止鸡蛋在鸡舍的操作间过夜。捡蛋时最好用蛋托收集鸡蛋，这样可以有效降低破损率。如果使用纸质蛋托，最好一次性使用；使用塑料蛋托时，每次使用后应彻底消毒，各生产间不要交叉使用。集蛋时将破蛋、沙皮蛋、软蛋、特大蛋、特小蛋单独存放，不作为鲜蛋销售。鸡蛋在鸡舍内暴露的时间越短越好，从鸡蛋产出到蛋库保存不得超过 2 小时。

② 集蛋人员集蛋前要洗手消毒，盛放鸡蛋的用具使用前也要经过消毒；鸡蛋表面可以用臭氧熏蒸消毒；运送鸡蛋的车辆应使用封闭货车或集装箱，不得让鸡蛋直接暴露在空气中进行运输，车辆事先要用消毒液彻底消毒；蛋库应经常消毒，每次入蛋后都应当对交接区域进行一次消毒，其他区域也应定期消毒，一般每周 2 次。

③ 蛋库有专人管理，严格记录入库和出库的数量。蛋库的温度设定与鸡蛋所贮存的时间有关，一般贮存的时间越长，蛋库的温度设定就越低。一般要求蛋库的相对湿度是 75% ～ 80%，对已包装的鸡蛋，蛋库的湿度应相对低一些，一般为 60% 左右，以保证包装不变形。

（五）严格执行免疫程序，使用符合《兽药管理条例》的药品

为确保生产出绿色无公害的鸡蛋，在蛋鸡养殖过程中做好预防治疗疾病和病毒传染的工作，不使用《农业部食品动物禁用的兽药及其他化合物清单》禁用兽药、未经批准的兽药和过期兽药。所用兽药必须来自具有生产许可证的正规生产企业，并具有企业、行业或国家标准以及产品批准文号。严格执行《无公害食品—兽药使用准则》。药品的使用必须经公司兽医人员的认可后使用。鸡饲料中不得直接添加兽药。严格遵守兽药使用说明及使用对象、使用途径、使用剂量、疗程和注意事项。建立并保管患病鸡只的治疗记录，包括第几栋、第几栏、发病时间及症状、治疗用药的经过、治疗时间、疗程、所用药物的商品名称及主要成分。严把无公害鲜蛋的质量关，严格控制、杜绝使用国家禁用的兽药和饲料促生长剂等。定期检查鸡群健康状况，鸡只出现病情应立即治疗，治疗时尽量使用中药。做好防疫诊治记录。

二、案 例

河北省辛集市新绿科技发展有限公司（以下简称新绿公司）成立于 2002 年 10 月，位于河北省辛集市马庄养殖基地。注册资本 125 万元，系辛集市农业产业化重点龙头企业。公司下设蛋鸡养殖基地、饲料车间、有机肥车间，集饲料生产、蛋鸡养殖、有机肥生产一条龙。养殖基地实行统一规划建设、统一母雏、统一饲料、统一管理、统一粪污处理、统一品牌销售，分户进行饲养的"六统一分"、"公司 + 基地 + 农户"的养殖模式。养殖基地占地 3.3 万平方米，投资 1900 多万元，按照农业部的标准，建成存栏 5 万只鸡规模的高标准、现代化蛋鸡养殖小区。2010 年新建成存栏 1 万只鸡的高标准、现代化鸡舍，新鸡舍建筑面积 1000 平方米，全部采用新型建筑材料。鸡舍为全封闭式，分育雏鸡舍和产蛋鸡舍，全部采用按栋全进全出饲养模式。鸡舍采用国内最先进的自动上料设备，配备自动饮水系统。鸡舍安装氨气监测、自动排风、自动报警设备。 安装电子监控设施，在办公室就能观测到整个养殖小区的活动情况（图 3-25 ～图 3-28）。鸡舍安装风机和湿帘通风降温设备，达到自动控温，让鸡只在舒适的环境中生活。净道污道分开，污道安装自动清粪系统，并进行机械消毒。有固定的鸡粪储存、堆放设施和场所，储存场所有防雨、防止粪液渗漏、溢流措施。建有有机肥生产车间，鸡粪经发酵生产高效有机肥，达到农牧结合，良性循环。鸡舍安装自动光照控制系统，根据太阳出落情况自动开关灯。公司产品类别：有机鸡蛋、无公害鸡蛋、蛋鸡饲料、生物有机肥料等。年产鸡蛋 2400 吨，年产有机肥 900 多吨，年销售额 2300 多万元，实现利润 386 万元。

图 3-25 贴码分装设备

图 3-26 裂纹蛋检测设备

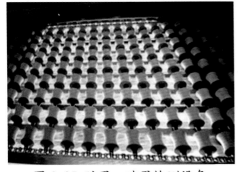

图 3-27 脏蛋、破蛋检测设备

图 3-28 鸡舍

（赵万青）

第五节 蛋鸡生产信息化管理技术

一、概 述

目前，中国蛋鸡生产的经营方式正在由粗放式经营向集约化经营转变，蛋鸡规模化及产业化生产有了较大的发展。规模化蛋鸡场已开始使用现代化的工具进行管理，如利用自动化控制系统、管理信息系统、多媒体和网络应用等技术对规模化蛋鸡场进行管理，这里重点介绍生产信息管理系统和自动化监控系统，主要用于蛋鸡场生产管理全过程，承担信息的收集、显示、存储、传送等功能。通过对数字的综合和集成，将各功能模块按应用需要连接、配置和整合，使管理者能通过计算机实时监控生产现场，及时了解企业生产管理情况，为企业决策提供依据。

（一）生产信息管理系统

生产信息管理系统将科学计算、数据分析、绘图处理、人工智能等技术集成于一体，提取对蛋鸡场有用的畜禽养殖信息，输出各项数据、图表和方案，为管理人员进行蛋鸡生产动态管理和科学决策提供依据，一般分为若干个模块进行管理，主要包括鸡场概况、养殖动态、投入品管理、疾病与防疫、产品品质、蛋品处理、无害化处理，报表统计和系统管理等。

1.鸡场概况

鸡场概况主要包括鸡场、鸡舍、鸡的情况、供应商和客户信息。鸡场情况可以设立为鸡场动态、基本情况、饲养条件、人员情况、制度信息、信息反馈和信息提醒等；鸡舍情况包括育雏育成鸡舍和产蛋鸡舍数量、鸡舍面积和笼位数量、设施设备等；鸡的情况包括各阶段的蛋鸡数量和分布情况；供应商主要包括鸡、饲料、兽药、疫苗、设施设备及其他供应商。客户主要包括蛋产品、鸡产品、有机肥客户等。

2.养殖动态

主要包括蛋鸡购进和销售情况、生产过程中的死淘情况、疾病发生的处理情况、鸡蛋的生产和销售情况以及鸡的生长和分群等情况。

3.投入品管理

主要包括饲料与饲料添加剂、兽药、生物制品（疫苗）和消毒药的进库、出库及使用情况等的管理。

4.防疫和疾病

主要包括免疫情况、疾病诊治情况、消毒情况和抗体检测情况。免疫情况包括免疫计划、免疫登记和免疫历史登记等。

5.产品品质

主要包括蛋、鸡和有机肥等。

6. 报表统计

主要包括对鸡的育雏育成期和产蛋期各项生产数据进行处理和分析。蛋鸡饲养情况包括蛋鸡生长、饲养、产蛋、环境、免疫、疾病等统计，投入品的供应使用情况，产品的产出和销售情况等，实现生产数据的记录、管理及统计分析，制成日报、周报、月报、季报、年报等各种报表，为管理者了解总体的生产情况、并及时发现生产中存在的问题、实现科学的生产经营提供直观、客观的依据。通过对蛋鸡生产进行数字化的管理，为蛋鸡养殖提供数字化的管理平台，提高生产效率。

7. 蛋品分级处理

主要是对蛋品进行分级、加工和包装等，对蛋品的加工进行计算机管理，在生产信息管理系统中应增加蛋品加工产品的管理模块。

8. 蛋鸡场无害化处理

无害化处理在规模化蛋鸡场的管理中也变得越来越重要，主要包括死淘鸡的处理和鸡粪的处理，特别是鸡粪的处理和利用，不仅解决了对环境的污染问题，而且可以为蛋鸡场增加一项可观的收入，应对其进行精心的管理，在生产信息管理系统中增加无害化处理的管理模块。

（二）自动化监控系统

规模化蛋鸡场自动化监控系统包括环境监控、移动摄像和远程传输3部分。主要采用模块结构和智能测控技术，建立分布式智能数据采集与控制网络，整个系统由监控中心计算机、单片机、通信模块、温度采集模块、控制模块、报警模块、键盘输入显示模块和监控模块组成。以鸡舍或生产车间为单位建立监视、监听、检测和自动化控制的智能测控端，各测控端通过转化器连接监控计算机。现场图像、声音的全方位采集和观察，用视频分割器与延时录像机组成音视频信号的贮存。控制计算机将前端摄像机信号经压缩调制后通过电话线实现图像远程传输。

规模化蛋鸡场自动化监控系统的应用，实现了包括温度、湿度、氨气浓度的环境参数采集，鸡舍温度、通风喂料的自动化控制、移动摄像监视以及远程监视图像传输和设备故障报警等。

二、特　点

生产信息管理系统集成多个应用软件，分布于规模化蛋鸡场生产管理全过程，具有网络化、管理控制一体化的特点，一般根据规模化蛋鸡场生产管理的要求，分成不同的功能模块，利用计算机系统和网络平台，在数据库管理系统的支持下，通过应用程序承担信息的收集、处理、加工、传送、存储、显示及记录等作用。系统采用互联技术，包括网络平台、计算机软硬件系统、操作系统、数据库、数据库管理系统和应用软件等，对蛋鸡场的生产情况，蛋鸡饲养过程中的各种变化，包括蛋鸡生长、产蛋、饲喂、鸡群变化、环境控制、免疫、用药等数据进行记录、编辑，并对数据进行统计分析，生成生产报表与图形，为蛋鸡场的管理提供可靠的依据。

规模化蛋鸡养殖场自动化监控系统是机器视觉、人工智能技术、单片机技术、图像处理技术和计算机技术的集成。该系统具有采用摄像头实时监视鸡舍现场，监测鸡舍内温度、湿度等主要环境指标，使用计算机对鸡舍的产蛋和鸡群情况进行监测，促进蛋鸡现代化养殖模式的转变，对蛋鸡饲养提供全方位的信息，降低养殖成本，提高防疫水平，增强了规模化蛋鸡产业可持续发展的能力。

三、成 效

生产信息管理系统对蛋鸡场的饲养情况，生长和产蛋变化、鸡群管理、防疫和环境管理以及成本和产品管理等任何一个环节的生产数据按不同时期或阶段进行统计、制表及图形分析，从而及时为管理者和技术员评价生产趋势、解决生产中存在问题提供科学依据，更好地为蛋鸡场的生产制定精细化的管理措施和科学的决策，从而降低生产成本，提高了生产效率。

自动化监控系统的安装与使用，提高了鸡舍的防疫水平，减少了人员进出鸡舍的频率，降低了鸡群应激及疫病发生的可能性，更有利于鸡群优良生产性能的发挥；同时养殖场管理者在办公室内可以随时观察生产现场实况，便于对鸡舍内出现的各种情况做出及时处理，从而使现场管理更加有效；也便于客户不进入鸡场就能了解到生产一线的具体信息。可见，自动化监控系统的应用降低了养殖场的生产和管理成本，提高了养殖场的整体防疫水平，从而提高了养殖场的综合经济效益。

四、案 例

蛋鸡生产信息化管理技术已在部分规模化蛋鸡场应用，上海军安特种蛋鸡场2012年扩建后，蛋鸡存栏达到30万羽，并拥有一个蛋品加工车间、一个饲料加工车间和一个鸡粪处理厂，目前已使用生产信息化管理技术，主要包括计算机信息管理系统和自动化监控系统，生产管理软件的模块功能主要包括概况、养殖动态、投入品管理、疾病与防疫、产品品质和系统管理等（图3-29～图3-36）。有专门人员对系统进行管理，及时将数据输入，处理分析，并以统计数据、报表等形式提供给管理者和技术员作为科学管理的依据之一。自动化监控系统在每个鸡舍和生产车间安装了监视器，在办公室可以实时掌握蛋鸡场的生产情况，还可以为外来参观人员或客户提供视频了解养鸡场情况，以避免外来人员进入生产区参观，从而提高了防疫水平。

图 3-29 育雏育成鸡舍　　　　图 3-30 工作人员处理生产数据

图 3-31 鸡场情况

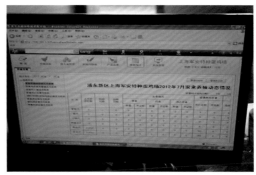

图 3-32 生产报表情况

图 3-33 生产数据输入

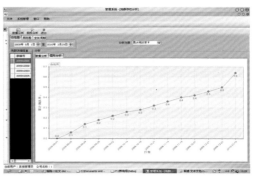

图 3-34 生产数据分析图

图 3-35 计算机管理蛋品

图 3-36 鸡场监控视频

（陆雪林）

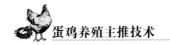

第六节 青年鸡专门化培育技术

一、概 述

青年鸡是生长发育最快的时期,也是管理较为关键的时期。在此期间饲养管理的好坏,极大程度决定蛋鸡性成熟后的体质和产蛋性能。因此,要培育出符合品种要求的高产后备蛋鸡,关键的一环是抓好青年鸡的饲养管理。

(一)青年鸡培育目标

青年鸡健康无病,体重符合该品种标准,肌肉发育良好,食欲旺盛,羽毛紧凑,体质健康结实,活泼好动。

鸡群生长的整齐度,单纯以体重为指标不能准确反映鸡群情况,还要以骨骼发育水平为标准,具体可用跖长来表示。总之,要注意保持体重、肌肉发育程度和肥度之间的适当比例。测定时要求体重、跖长在标准上下10%范围以内,至少80%符合要求。体重、跖长一致的后备鸡群,成熟期比较一致,达50%产蛋率后迅速进入产蛋高峰,且持续时间长。

(二)青年鸡的饲养工艺

1. 三段式饲养

商品蛋鸡场,生产区内有育雏、青年、产蛋鸡舍。三种鸡舍分区建设,青年鸡舍安排在育雏和产蛋鸡舍之间,顺应转群的需要,便于操作。三种鸡舍分区建设,留有一定的距离。青年鸡舍应有自己的沐浴、更衣、入口消毒等设施。三段式饲养是传统的鸡舍设计,也是我国目前主要的饲养方式。

2. 两段式饲养

1～10周龄在育雏鸡舍饲养,10周龄后转入产蛋鸡舍饲养,不需要专用的青年鸡舍。可减少一次转群,且在较小的年龄转入永久性产蛋鸡舍,减少应激。是当前和今后种鸡饲养的工艺趋势。

3. 一段式饲养

这种方式多应用于种鸡地面、网上或板条饲养,从1日龄开始直至产蛋结束在同一鸡舍内完成,仅是随着年龄的增长更换相应的设备。

二、青年鸡的饲养

(一)做好育雏鸡向青年鸡的过渡

1. 做好脱温、转群

雏鸡4～6周龄后,新羽基本长出,对环境适应能力明显增强,可逐渐停止供温。脱温应有 1 周的过度期，严禁突然停止供温。具体脱温时间因各地育雏季节、雏群体质状况及外界气温等灵活掌握。脱温要平稳、缓慢，刚开始白天不加温、晚上给温，阴雨天温低时给温，经过 5～7 天鸡群逐渐适应自然温度可不再加温。同时脱温期间加强夜间对鸡群的观察，防止堆挤压死。

转群是将雏鸡转入青年鸡舍饲养的过程。雏鸡转群前应进行选择，转群前青年鸡舍、各种用具应彻底清扫、消毒。

2. 做好饲料的过渡

青年鸡消化机能逐渐健全，采食量与日俱增，骨骼肌肉都处于旺盛发育时期。此时的营养水平应与雏鸡有较大区别，尤其是蛋白质水平要逐渐减少，能量也要降低，否则，会大量积聚脂肪，引起过肥和早产，影响成年后的产蛋量。从 5 或 7 周的第 1～2 天，用 2/3 的育雏期饲料和 1/3 青年期饲料混合饲喂；第 3～4 天，用 1/2 的育雏期饲料和 1/2 青年期饲料混合饲喂；第 5～6 天，用 1/3 育雏期饲料和 2/3 青年期饲料混合饲喂，以后喂给育成期饲料。

（二）限制饲养

鸡在青年期，为避免因采食过多，造成产蛋鸡体重过大或过肥，在此期间限制其采食量，或降低营养水平，这一饲养技术称限制饲养。一般从 9 周龄开始限制饲养。

1. 限制饲养的目的

① 可节约饲料，减少 7%～8% 的饲料消耗。

② 控制体重增长，维持标准体重。

③ 保证正常的脂肪蓄积，可防止脂肪沉积过多，有利于产蛋的持久性。

④ 育成健康结实、发育匀称的后备鸡。应在体重、跖长双重指标下限制饲养。

⑤ 防止早熟，提高产蛋性能。

⑥ 减少产蛋期的死亡淘汰率。

2. 限制饲养的方法

① 限量饲喂：即每天每只鸡的饲料量减少到正常采食量的 90%。但应保证日粮营养水平达到正常要求。多数情况下采用该法。

② 限时饲养：有两种。隔日限饲：将 2 天的饲料集中在 1 天喂完，然后停喂 1 天，但应供给充足饮水，常用于体重超过标准的青年鸡；每周限饲：即每周停喂 1～2 天。

③ 限质饲喂：即限制营养水平，就是降低日粮中粗蛋白质和代谢能的含量，减少日粮中鱼粉、饼类以及能量饲料，如玉米、高粱等饲料的比例，增加养分含量低、体积大的饲料，如麸皮、叶粉等。

3. 限制饲养注意问题

① 正确执行限饲方案。根据蛋鸡品系的发育标准、出雏日期、鸡舍类型及鸡场内饲料条件等，有针对性地制定出限饲计划，必须正确而严格地执行。

② 限制饲养前应断喙，淘汰弱鸡、残鸡。

③ 预防应激。当气温突然变化、鸡群发病、疫苗接种、转群、运输、疾病、高温、

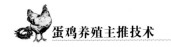

低温等逆境而发生应激反应时，必须通过改变饲养方案予以补偿，恢复正常后再行限饲。

④ 不可盲目限制饲养。鸡的饲料条件不好，鸡群发病，后备鸡体重较轻，不可进行限制饲喂。

（三）饮水

青年鸡要有足够空间的饮水位置，一般每只鸡 3 厘米。要求饮水清洁卫生，饮水器位置固定不变。饮水量与采食量、体重大小有关，还与气温高低有关。一般情况下，周围环境温度越高，鸡的采食量越少，影响机体的生长发育。环境温度高时，可饮给凉水并且经常更换，最好在每次喂料前换凉水。

（四）体重与均匀度的测定

（1）体重测定 标准体重是为了充分发挥某品种鸡的生产性能而设立的指标。根据不同的品种，一般从 6 ～ 8 周龄开始，每隔 1 ～ 2 周龄称重一次。称测体重的数量一般占鸡群的 2% ～ 5%，称重时要求逐只称重登记，最后进行统计。根据称重的结果，以便确定和调整饲养管理措施。

（2）均匀度的测定 鸡群的均匀度是指群体中体重超标或者低于标准体重正负不超过 10% 范围内的鸡所占的百分比。如：海兰褐商品代鸡 10 周龄标准体重为 920 克，超过标准或低于标准体重的正负 10% 的范围分别是 920+（920×10%）=1020 克、920 -（920×10%）=828 克。体重在 828 ～ 1020 克之间范围内的鸡占的比重越高，均匀度越高。一般来说均匀度在 70% ～ 76% 时为合格，达 77% ～ 83% 认为较好，达到 84% ～ 90% 为很好。

（3）影响体重均匀度的因素 主要有：鸡群密度过大，过于拥挤；喂料不均匀或不按标准喂料；断喙操作不正确，影响到日后的生长发育；每个笼内饲养鸡只数不一致；疾病感染造成不均匀等。

三、青年鸡的管理

① 合理的饲养密度。只有保持适宜的密度，才能使个体发育均匀。笼养适宜的密度为每平方米 15 ～ 16 只。密度过大，鸡舍内空气浑浊，鸡的死亡率高，体重均匀度差，残次鸡多。

② 控制性成熟。性成熟过早，就会早产蛋，产小蛋，持续高产时间短，出现早衰，产蛋量少；若性成熟晚，推迟开产时间，产蛋量减少。因此要控制性成熟，做到适时开产。控制的方法，一是限制饲养，二是控制光照。生产中必须把两者有机的结合起来，才能收到良好的效果。

③ 饲喂设备。青年鸡料槽位置要求每只鸡为 8 厘米或 4.5 厘米以上的圆形食盘位置，水槽为 2 厘米以上即可。

④ 通风换气。青年鸡采食逐渐增加，呼吸和排粪相应多，生长和发育逐步加快，鸡舍内空气很容易浑浊，它要求必须做好通风换气工作，青年期前期可以通过打开窗户进行，后期则必须借助排风扇来完成。

⑤ 控制光照。青年鸡18周龄之前应控制光照时间和光照强度,制订合理的光照制度,从20周龄开始应逐步增加光照时间和光照强度，促使成熟母鸡适时产蛋。

⑥ 预防啄癖。在饲养密度大，空气浑浊，营养不平衡时，料槽内无料时往往容易诱发啄癖。防止啄癖的最有效方法虽然是断喙，但同时配合降低密度，改进饲粮，改善环境，减少光照，修整断喙等措施会更有效地防止啄癖。

⑦ 添喂沙砾。在饲料中添喂沙砾，可提高胃肠的消化机能，加速饲料在肌胃中的通过速度，减少腐蚀，保护肌胃。从7周龄开始，每周100只鸡应给予不溶性沙粒500克，拌入饲料中任其自由采食。

⑧ 补充钙质。小母鸡在开产前10天开始沉积髓骨，它约占性成熟母鸡骨骼重的12%，蛋壳形成时约有25%的钙来自髓骨，其他75%来自日粮。如钙不足时母鸡将利用骨骼中的钙，造成腿部瘫痪，所以应将青年鸡料的原含钙量由1%提高到2%～3%，其中，至少应有1/2的钙以颗粒状石灰石或贝壳粉供给。

⑨ 搞好卫生。包括日常的清洁卫生，及时清粪搞好舍内外的环境卫生,经常带鸡消毒。为鸡创造一个优良的环境。

⑩ 加强鸡病免疫和防治工作。所有免疫程序和防治用药程序应在开产前认真地按程序进行。

四、案 例

河北边氏牧业养殖基地是辛集市规模最大的蛋鸡青年鸡养殖场。该公司成立于1996年，拥有存栏10万只鸡规模的蛋鸡场一个和10万只鸡规模的青年鸡场一个。常年存栏20万只，供应各个年龄的青年鸡。青年鸡场一次可以育成10万只鸡，是目前较先进的规模化养殖，采用自动控温，电脑加湿，自动上料，自动刮粪，自动消毒（图3-37～图3-39）。使用全自动化的设备,管理只需3个人（防疫除外）。该基地青年鸡养殖场引进"河北华裕家禽育种有限公司"的国际优良品种海兰灰、海兰褐。成活率可达98%以上，具有开产早，产蛋多，好饲养，整齐度高，抗病强，吃料少，效益高等优势。该基地青年鸡严把质量关，有免疫力强，耐运输等特点。

图 3-37 鸡舍外部

图 3-38 鸡舍内部

图 3-39 基地概况

（赵万青）

第七节 蛋鸡强制换羽技术

一、概　述

强制换羽虽不是新技术，但利用好可有效规避市场低谷、挽回意外损失，最大限度发挥现代蛋鸡遗传潜力。该技术可能涉及动物福利问题，但延长鸡的生命应是其最大的福利。强制换羽包括畜牧学、化学、生物等多种方法，本文主推畜牧学法。按照换羽鸡群的状况不同又分为常规换羽法和非常规换羽法。

（一）常规换羽法

1.适用鸡群及时间

适用于第一个产蛋周期生产性能好、健康的鸡群。现代蛋鸡产蛋性能高，产蛋周期长，在掌握盈亏平衡点基础上，应注意选择最佳换羽时机。从生理角度最好在 65 周龄左右进行，同时参考当地气候，最好的季节是秋冬或冬春之交。换羽前应考虑市场预期和成本核算，以确定换羽后的经济效益。

2.强制换羽的前期准备

换羽前首先要淘汰病弱残鸡，同时驱虫。换羽前 2 周进行抗体监测，如果抗体不达标，需立即进行疫苗免疫，包括新城疫、传染性支气管炎、禽流感疫苗等。换羽前 1 周开始投喂倍量的优质多维电解质，并将光照加至每天 24 小时。

3.换羽实施期

（1）**断料、断水**　开始前 2 天停料，同时停水（夏天停水 1 天）。第 3 天起，自由饮水，继续停料，如果第 7 天仍有产蛋，则再停水 1 天。前 5 天，每天给鸡喂 1 次石粉或贝壳粉，每次每只鸡 3 ～ 4 克，水中加适量的多维电解质，防止停产前下软壳蛋和过度应激。随季节不同，大约需要饥饿 9 ～ 16 天。夏天体重下降的慢，断料时间较长；冬天天冷鸡的体重下降快，断料时间要短一些。

（2）**环境控制**　保持正常的温湿度及通风，降低光照强度和光照时间。密闭鸡舍前 2 天每天 1 小时光照，以后每天 8 小时光照，光照强度 3 勒克斯以下，以鸡能正常饮水、便于操作为度；开放式鸡舍应尽量遮黑，停止补光，其他同密闭舍。

（3）**日常管理**　每天检查鸡群状况，做好记录。及时清理掉落的羽毛，防止鸡采食和刮粪困难。在饥饿后期，将过度弱小的鸡只挑出单独恢复给料，可有效降低死亡率，提高产蛋率。

（4）**监测体重，确定实施结束日期**　随机选择 50 ～ 100 只鸡固定做为称测体重样本，做好标记。开始第 1 天上午称重做为初始体重并记录，以后每 3 天测 1 次，第 8 天起每天测 1 次，计算鸡群体重变化。平均体重下降27% ～ 30% 时，就可以恢复供料。另外，实施期死亡率达 3% 或有疫情发生时应立即结束饥饿恢复给料。

4. 换羽恢复期

（1）**饲料饮水**　1～5 天使用育成鸡料，然后逐渐过渡到使用蛋鸡料，也可开始就使用产蛋料。第 1 天投料量为每只 30 克，以后每天每只增加 20 克饲料，直至恢复正常的采食。均匀撒料，保证每只鸡采食机会均等。饲料或饮水中补充优质多维电解质，加 3 天停 4 天。为保证消化道健康，尽快恢复生殖器官，饲料中还应加优质益生素和维生素 A（鱼肝油）。

（2）**光照**　开始时仍保持实施期光照时间及强度，根据饥饿时间长短及体重恢复情况决定光刺激时间。当体重恢复到 85% 或换羽第 30 天左右时进行光刺激，不能太早也不能过晚。每周加 1～2 小时，先快后慢，直至每日 16 小时光照，同时，光照强度也恢复到产蛋期水平。

（3）**日常管理**　恢复前期实际上是鸡只最虚弱时期，也可能是整个强制换羽过程中死亡率最高的时期，所以应特别细心照料。每天观察鸡群健康状况，尽可能给鸡创造适宜的生活环境。将特别瘦弱鸡只挑到一起，尽早恢复自由采食。免疫应在光刺激前 1 周内完成。

5. 产蛋期

饲养管理方法与正常产蛋鸡基本相同。注意控制体重以延长产蛋期，饲料钙含量适当提高。

（二）非常规换羽法

是指对产蛋高峰前后由于意外或疫病造成产蛋率急骤下降且难以恢复的鸡群进行强制换羽，一般 35 周龄以前使用效果最佳。对于不明病因造成的产蛋下降，首先应积极治疗，只要日死亡率控制在 0.1% 以下，就可立即进行强制换羽。换羽方法与常规换羽法基本相同，其失重率标准低于后者，达到 25% 时即可恢复给料。另外，光照控制更加严格，在体重恢复到 85%～90% 时方可进行光刺激。确诊为禽流感的鸡群不要进行强制换羽，以防散毒。

二、特　点

目前，最好的方法还是畜牧学法即饥饿法。这个方法不但使蛋鸡停产换羽，而且真正使蛋鸡生殖系统基本恢复到产前原始状态，得到充分的休息，为重新发育和修复上周期创伤创造了条件。强制换羽技术是一项传统的技术，根据现代蛋鸡生产性能高、对光照敏感等特点，我们还赋予了新的实施手段。在光照上要求更加严格，尤其在恢复期光刺激时机掌握上提出了新的参考标准，目的是让蛋鸡在强烈的饥饿应激后有个机体恢复的准备期，进行营养的积累和生殖系统的充分休息与修复，期望在新的产蛋周期产蛋高峰更高、维持时间更长。另外还考虑了抗应激营养素的供给，并强调恢复期维生素 A 及益生素类微生态制剂的添加，以促进生殖道、消化道的修复与健康。本技术还特别增加了非常规换羽法，即非正常鸡群换羽法。对于意外情况如动迁转址、某些疫病造成产蛋大幅下降且难以恢复的鸡群，强制换羽是减少损失、恢复产蛋率的有效方法之一。非常规强制换羽鸡群要求 35 周龄以内，否则效果不理想。已确诊禽流感鸡群不能强制换羽。

三、成　效

　　强制换羽虽然是一项传统的技术，很多鸡场都在采用，但是如果环节或细节掌握不好，也可能造成损失。本技术主推目前效果最好的畜牧学换羽法，并根据现代蛋鸡的特点加以完善，在实际应用中取得了显著成效。对于第 1 周期产蛋性能好的正常换羽鸡群，第 2 个产蛋期一般在换羽 50 ～ 55 天，产蛋率达 50%，在 70 天左右达到高峰，高峰产蛋率为 85% ～ 90%，一般换羽后可再利用 6 ～ 7 个月（鸡蛋价格高可更长），产蛋 140 ～ 160 枚，平均蛋重为每枚 65 克左右，料蛋比为（2.3 ～ 2.5）∶1。近几年秋冬或冬春季节常发以死亡率低、产蛋率下降为特征的不明疫病，高峰期或即将进入高峰期的产蛋鸡易发，产蛋率下降到 30% 以下且难以恢复，许多养殖户忍痛淘汰，造成严重经济损失。通过采用非常规换羽法，发病鸡群很快康复，产蛋率基本恢复到原有水平，最大限度地减少了损失。一般换羽开始 40 天产蛋率达 50%，55 ～ 60 天达到产蛋高峰，高峰产蛋率 90% 左右，效果好的达 90% 以上。

四、案　例

　　倪先生鸡场位于辽宁省鞍山市西郊，鸡舍半开放式，栏产蛋鸡 6000 只，分为两个批次。2012 年 1 月，第 1 批鸡（38 周龄）不慎发病，7 天之内产蛋率由 92% 下降到 25%，采食正常，日死亡率仅为 0.1% ～ 0.2%。经抗病毒、降体温治疗，死亡率几近为 0，但产蛋回升缓慢。相近地区也有类似情况发生，多在产蛋高峰发病，治疗后产蛋难以恢复，大部分淘汰。为挽回损失，倪先生经市场预测，决定用本技术进行强制换羽。发病 12 天后，经抗体监测状况良好，将鸡稍做挑选后立即进入强制换羽实施程序。饥饿第 14 天，体重下降 25%，第 15 天开始恢复给料，采用产蛋鸡料。饥饿期间饮水中定期投放优质多维电解质，并在恢复期饲料中另加益生素和鱼肝油。换羽第 27 天体重恢复到 86%，开始光刺激，前期每周增加 2 小时，后期每周增加 0.5 小时，直至每日 16 小时光照。恢复期第 8 天进行新城疫及禽流感免疫。换羽第 33 天见蛋，第 48 天时产蛋率达 50%，第 70 天时达到产蛋高峰，高峰产蛋率近 90%，鸡蛋品质良好。换羽开始到产蛋高峰前总死亡率不足 1%，恢复期后选淘低产鸡约 5%。相隔 15 天后，刚进入高峰期的第 2 批鸡（26 周龄）也发同样疾病，状况相同。通过采取同样的措施，换羽第 38 天时产蛋率达 50%，57 天时进入高峰期，产蛋率 97.5%。产蛋高峰前死亡率 0.9%，选淘约 4%（图 3-40 ～图 3-44）。

图 3-40 饥饿期鸡群

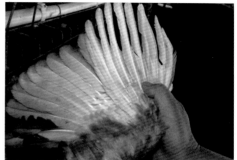

图 3-41 换羽 16 天羽毛

图 3-42 恢复期鸡群

图 3-43 换羽后产蛋鸡群

图 3-44 恢复期无羽毛脱落

（周孝峰）

第四章 场区建设与环境控制技术

第一节 1万～2万只规模鸡场标准化建设模式

一、概 述

单栋1万～2万只规模鸡场标准化建设，是在场址布局、鸡舍建设、生产设施配备、投入品使用、卫生防疫、饲养管理、粪污处理等方面严格执行国家法规和相关标准的规定，并按照程序组织生产的过程，达到蛋鸡标准化生产的一种建设模式。关键技术包括养殖场选址布局、鸡舍建设与设计、生产管理规范、防疫制度科学以及品种高产高效等。

（一）养殖场选址与布局

选址应符合《动物防疫条件审查办法》的规定，同时要求交通便利，有硬化路面的专用道直通到场；地势高燥，避风向阳，排水便利；水源稳定充足，水质符合国家饮用水标准。布局应从便于防疫和组织生产考虑，场区的分区可分为生活区、办公区、辅助生产区、生产区、污粪处理区等区域，同时按主导风向，地势高低及水流方向为原则进行布局。如地势与风向不一致时，则以主导风向为主；鸡舍朝向采用东西走向或南偏东（或西）15度左右，以利于提高冬季舍温和避免夏季太阳辐射，利用主导风向，改善鸡舍通风条件为原则；鸡舍间距，育雏育成舍10～20米，蛋鸡舍10～15米。

（二）鸡舍建设与设施设备

采取两段式饲养工艺。鸡舍类型为密闭式鸡舍。

1.育雏舍建设

每栋四列五通道，44组4列笼架，三层阶梯式鸡笼，下层笼底距地面高10厘米，上层笼顶距地高1.97米。笼总长1.95米，育雏育成笼（长×宽×高）：65厘米×61厘米×38厘米。雏鸡饲养密度：1～3周龄208平方厘米、4～11周龄416平方厘米、12～15周龄520平方厘米。设计笼位2.25万只，鸡舍建筑面积1299平方米。鸡舍长93.86米，宽13.24米，墙高3.0米，脊高1.2米。墙体为砖混结构，推荐为37厘米砖墙加5厘米厚苯板，内外抹灰。屋顶双坡形，结构为100毫米双层彩钢板(容重为14千克)。舍内地面比鸡舍外高0.30米，粪沟宽1.80米，坡度为3‰。

通风系统采用通风小窗—湿帘—温控系统的纵向负压通风方式。在侧墙安装通风小窗，长67厘米，宽23厘米，间距3米。在前山墙上安装湿帘，湿帘面积24.5平方米；在后山墙安装风机6台（风机尺寸1.4米×1.4米，），距离舍内地面高10厘米。前山墙安装10厘米厚彩钢复合板门，用于冬季保暖。

鸡舍内均匀安装灯泡60个，间距3.5米，交错分布。灯泡瓦数：前7天9瓦节能灯；7天后改用7瓦节能灯。安装位置:鸡舍过道上方离地面2.3米，两侧墙灯离地面1.80米。

前 3 周饮水使用真空饮水器人工饮水，3 周后逐渐改为乳头式饮水器，PVC 水管供水。饲喂采用电机带动纵向料车，料车在轨道上行走，轨道为外径 4.8 厘米的钢管。

育雏舍采用暖气供暖或热风炉供暖方式，安装供暖面积为 700 ～ 800 平方米的锅炉，散热片要分散均匀，间距为 2 米。

2. 产蛋舍建设

每栋四列三层五个通道，44 组 4 列笼架，三层阶梯式笼位，下层笼底离地面高 10 厘米，上层笼顶离地高 1.64 米。蛋鸡笼（长 × 宽 × 高）：45 厘米 × 42 厘米 × 40 厘米。蛋鸡饲养密度：16 ～ 65 周 482 平方厘米。设计笼位 15000 只，鸡舍建筑面积 1196 平方米。鸡舍长 91.34 米，宽 11.96 米；鸡舍墙高 2.8 米，屋脊高 1.2 米；鸡舍前侧面设操作间，宽 4.5 米，长 4.5 米。鸡舍操作间门为 100 毫米厚彩钢复合板保温门，窗为塑钢窗。休息间为塑钢门窗。

墙体厚度，南方地区厚度 24 墙体；北方地区 37 墙或 24 墙加 10 厘米厚保温层，砖混结构。屋顶采用双层彩钢板，中间夹 10 厘米厚聚苯（容重 14 千克以上）保温层。舍内粪沟宽度 1.57 米；中间 3 条走道宽度 1.1 米，两边走道 0.95 米。粪沟前面深 -0.30 米，粪沟 3‰ 向后放坡。

通风系统：通风小窗—湿帘—温控系统的纵向负压通风方式。在侧墙上安装 AC2000 通风小窗（小窗大小 0.67 米 × 0.23 米），小窗间距 3 米。在后山墙安装风机 6 个（风机尺寸 1.4 米 × 1.4 米），距离舍内地面高 10 厘米，侧墙每侧安装风机 1 个，距离后山墙 6 米，风机角度与后墙成 120 度角度。

光照系统：灯泡应高出顶层鸡笼 50 厘米，位于过道中间和两侧墙上。灯泡间距 3.0 米，灯泡交错安装，两侧灯泡安装在墙上。

水帘降温系统：在鸡舍前端增修耳房（用于安装水帘），耳房高 2.6 米，宽 1.62 米，10 厘米厚彩钢复合板顶，耳房屋檐外伸 20 ～ 30 厘米，檐下砌排水沟，中央砌 1 个 1.3 米的水池，耳房地面比鸡舍内地面低 20 厘米。

每栋 44 组 4 列笼架，三层阶梯式笼位，下层笼底离地面高 10 厘米，上层笼顶离地高 1.64 米。饮水采用乳头式饮水器，PVC 水管供水。饲喂采用电机带动纵向料车，料车在轨道上行走，轨道为外径 4.8 厘米的钢管。机械清粪，纵向粪车。

3. 生产管理

制定并实施科学规范的饲养管理规程，配制和使用安全高效饲料，严格遵守饲料、饲料添加剂和兽药使用有关规定，实现生产规范化；完善防疫设施，健全防疫制度，加强动物防疫条件审查，有效防止重大动物疫病发生，实现防疫制度化；粪污处理方法得当，设施齐全且运转正常，达到相关排放标准，实现粪污无害化；选用优质高产蛋鸡品种如京红、海兰、罗曼等，品种来源清楚、检疫合格，实现品种良种化。

二、特 点

单栋 1 万 ～ 2 万只规模鸡场标准化建设模式已经成为当前我国蛋鸡生产的主体。该模式建设的蛋鸡养殖场交通便利，远离生活饮用水源地、屠宰场等区域，场址选择合理。场

区按功能分为生产区、生活区与办公区，各区完全分开。生产区分为育雏育成区与产蛋区，净、污道分开，生物安全控制较好，布局合理，有利于卫生防疫和疫病控制。

鸡舍类型为密闭式鸡舍，建筑坚固耐用，隔热保温性能良好，舍内环境控制较好，冬季舍外温度为零下15℃时舍内环境仍能够满足蛋鸡生产需求。

采用两阶段饲养工艺，单栋全进全出模式，单栋育雏育成舍饲养规模为22500只，产蛋舍饲养规模为产蛋鸡15000只。采用3层阶梯式笼养；阶梯式笼具、乳头饮水、自动喂料、湿帘降温、纵向通风、刮粪板机械清粪。场区消毒设施完善，配备高压清洗消毒机、紫外线消毒灯、鸡舍专用行车式喷雾消毒机等。污水处理采用化粪池处理，然后用于农田施肥，5万只以上规模鸡场可自建堆肥场。病死鸡处理采用全封闭化尸池发酵处理，该模式能够满足规模化蛋鸡生产要求，在这种模式下鸡场环境整洁，鸡舍空气质量较好，劳动效率高。

三、成　效

该养殖场建设模式采用育雏育成和产蛋两段式饲养方式，解决了原有三段式饲养多批次进鸡、多日龄鸡只混养难题，有利于防疫，避免了同一区域内混养造成的交叉感染，传染病的发生几率较混养模式下降了80%，疫苗、兽药费用降低20%以上；育雏育成一体化饲养模式有利于雏鸡舍的保温，避免产生从育雏舍转到育成舍的温差应激；同时减少转群带来的人为应激，提高鸡群质量；而且提高了笼位的利用效率，降低了养殖成本。

鸡舍建造合理，采用机械通风和湿帘降温系统，舍内环境控制能够满足蛋鸡生产的需求，冬季鸡舍内平均温度可以达到13℃以上，夏季鸡舍内温度可以维持在25.2℃。

在该养殖场建设模式下，蛋鸡生产水平有了较大的提高。以往6周龄之前体重很难达标，目前，从3周龄开始，体重较以往高20～40克；均匀度达83%以上，实现了体成熟和性成熟同步。在成本控制方面，人均饲养量比过去多饲养5300多只鸡；通过实施新模式，154天蛋鸡饲养成本（不包括鸡苗成本）由过去的32.7元降为现在的29.5元，节省3.2元。

四、案　例

峪口禽业公司位于北京市平谷区，目前拥有3个专业化父母代育雏场，都坐落在平谷区周边农村，距离居民区1千多米，距主干道2千米以上，周边5千米内无其他养殖场。3个育雏场分别于2008年、2009年和2010年建成投产，总投资3300万元左右，建筑面积27000平方米，员工78人。

三个雏鸡场都采用一段式饲养、全场全进全出饲养模式，饲养品种为京红1号和京粉1号，每批鸡饲养规模为13万多只鸡，雏鸡1日龄上笼，14～16周龄转群，平均存活率为98%，成本为25元。3个育雏场实现了专业化后备鸡管理模式。该模式下27名饲养员，每年可以为蛋鸡场培育100万套优质后备青年鸡，人均饲养量提高了50%。每年为蛋鸡场培育2～3批优质青年鸡，合计100万套，每年90%以上鸡群可以达到产蛋高峰。

每个育雏场区布局合理，分为生活区和生产区，生活区有办公室、职工宿舍、食堂、库房，生产区有鸡舍、锅炉房、配电室、维修间，生产区净道污道分开，由5栋育雏舍和

1栋育成舍组成，每栋鸡舍长94米、宽12.5米，育雏舍单栋饲养量为25000只，育成舍饲养量为16000只，其中，育成舍主要起降低育雏舍饲养密度和集中饲养公鸡的作用。各栋鸡舍全部为全封闭式，采用三层半阶梯式育雏笼；喂料设备是由公司自行生产的行车喂料系统；清粪系统同样采用是由公司自己生产的刮板式机械清粪系统；饮水设备采用的是西安庆安全自动乳头饮水线，每栋都有过滤器、自动加药器和减压阀；通风系统采用以色列Rotem计算机化控制器有限公司生产的Rotem AC-2000型成套禽舍控制器，不仅控制鸡舍通风换气，还可以自动控制鸡舍供暖、照明、降温、报警器等设备，鸡舍通风采用的是大牧人公司生产的1.4米轴流排风扇，进风口全部采用可以自动控制的通风小窗，降温系统采用的是15毫米厚的湿帘，夏季通过湿帘起到良好降温效果；育雏舍供暖采取集中供暖方式，每个育雏场分别有2吨和4吨两个热水锅炉，为所有育雏舍以及生活区供暖；育雏场每天清1次粪，实现了日清日结，有利于场区的防疫；场区消毒设施齐备，进门处有车辆消毒通道和消毒池，有人员消毒通道和紫外线消毒装置，场区有一辆消毒车每天对鸡舍外环境消毒2次，每栋鸡舍内有消毒设备，每天消毒1次；每天的病死鸡集中焚烧，进行无害化处理（图4-1和图4-2）。

图4-1 车辆消毒通道和消毒池　　图4-2 人员消毒通道图

（詹凯）

第二节 单栋5万只鸡场标准化建设模式

一、概 述

单栋5万只鸡场标准化建设是当前我国蛋鸡养殖发展规模化水平较高的生产模式之一，适用于具有较强的经济基础、技术、管理能力和市场意识的大规模蛋鸡养殖企业，一般单场饲养规模在20万只以上。单栋5万只鸡场标准化建设模式是在场址布局、鸡舍建设、生产设施配备、投入品使用、卫生防疫、饲养管理、粪污处理等方面严格执行国家法规和相关标准的规定，并按照程序组织生产的过程，达到蛋鸡标准化生产的一种建设模式。关键技术包括：养殖场选址布局、鸡舍建造、规范化生产等。

（一）场址选择

养殖场选址要避开养殖密集区，应符合《动物防疫条件审查办法》中的相关规定，同

时要求交通便利,有硬化路面的专用道直通到场;地势高燥,避风向阳,排水便利;水源稳定充足,水质符合国家饮用水标准。

(二)鸡舍建设与设施设备

采用两阶段生产工艺。鸡舍类型分为育雏育成舍和产蛋鸡舍。

育雏育成舍,长 89 米,宽 15.5 米,檐高 3.5 米;房屋结构形式采用整体框架轻钢结构,双坡式屋顶,屋面采用彩钢板(内含 10 厘米保温层),侧墙设通风小窗(0.67 米 ×0.23 米),为全封闭式鸡舍;墙体砖墙厚 26.6 厘米,双面水泥砂浆共 1.6 厘米,外墙不作粉刷,内墙白色。前端工作道宽 3.6 米,尾端宽 3 米,笼具间走道宽 1 米,采用五列六通道,每列 37 组,共 185 组,单栋饲养量 53280 只。采用 9CLXY-4288 型 4 层层叠式行车喂料蛋鸡育雏育成成套自动化饲养设备,每组笼具规格为 2 米 ×1.24 米 ×0.42 米,每个育雏育成单笼的尺寸为 1 米 ×0.62 米 ×0.42 米,饲养育雏育成鸡 18 只。笼具及笼架系统均采用热浸锌工艺。喂料采用行车式喂料系统,配散装饲料料塔,同时采用电子称料器的控制盘自动显示每天每栋鸡舍的喂料量。供水采用优质乳头供水系统,在供水系统前端都配有过滤器、加药器和水表。清粪采用带式清粪,纵向清粪带每天把粪便送到笼架尾端的横向清粪机,再送到中央输粪装置上。通风系统采用通风小窗—湿帘—温控系统的纵向负压通风方式。供暖采用了自动化燃油热风炉(或自动燃气热风炉)作为热源,每列笼架的最底层设置 2 条 200 热风管和每列中间走道上方都设有 1 条 350 热风管,通过供风管把热风均匀地送到整个舍内。灯光分上下布置,使鸡群采光更加均匀。

产蛋鸡舍,长 73 米,宽 15 米,檐高 6.3 米,采用双坡式屋顶结构;房屋结构形式采用整体框架轻钢结构,屋面采用彩钢板,侧墙设两排通风小窗,为全封闭式鸡舍;墙体砖墙厚 26.6 厘米,双面水泥砂浆共 1.6 厘米,外墙不作粉刷,内墙白色。前端工作道宽 4 米,尾端宽 3 米,笼具间走道宽 1 米,采用四列五通道,每列 27 组,共 108 组,单栋饲养量 51840 只。采用 9CLXD-8480 型 8 层层叠式行车喂料蛋鸡饲养成套自动化饲养设备。八层层叠式笼架结构,分为上四层和下四层,中间设钢网通道。单笼尺寸为 0.45 米 ×0.6 米 ×0.43 米,笼床面积为每羽 450 平方厘米。笼具及笼架系统均采用热浸锌工艺。喂料采用行车式喂料系统,配散装饲料料塔,同时采用电子称料器的控制盘自动显示每天每栋鸡舍的喂料量。供水采用优质乳头供水系统,在供水系统前端都配有过滤器、加药器和水表。清粪采用带式清粪,纵向清粪带每天把粪便送到笼架尾端的横向清粪机,送到中央输粪装置上。集蛋采用八层一体的集蛋机,上、下四层分开集蛋,每列八层笼架前端设置一台自动集蛋机,每排鸡笼都有一条循环运动的集蛋带,在运动中把鸡蛋送到集蛋机上,然后送到中央输蛋线上,再由中央输蛋线送入蛋库进行分级包装。通风系统采用通风小窗—湿帘—温控系统的纵向负压通风方式。灯光分两层布置,即上、下四层分开,使鸡群采光更加均匀,使用节能灯泡并实施自动控制。

(三)生产规范化

养殖场应当制定完善的生产管理制度包括蛋鸡场管理制度、岗位责任制度、蛋鸡饲养管理操作规程、蛋鸡免疫操作规程、蛋鸡场兽医卫生防疫制度、档案管理制度等,并在生产中严格执行。档案记录要完整，按规定搞好免疫、用药、疫情报告、消毒、无害化处理等养殖档案的记录和保管工作。

二、特 点

单栋 5 万只鸡场标准化建设模式是当前我国蛋鸡规模化集约化养殖的体现。该种模式资金投入量大，自动化程度高，占地面积小，能够缓解当前土地及劳动力紧张的局面，代表着蛋鸡养殖业今后的发展方向。

养殖场选址要求严格，符合《动物防疫条件审查办法》，而且交通便利，有助于蛋品销售。场区布局合理，按功能分为生产区、生活区与办公区，各区完全分开。生产区分为育雏育成区与产蛋区，净、污道分开，有利于卫生防疫和疫病控制。

鸡舍为全封闭式，鸡舍内环境容易控制，单栋饲养产蛋鸡 53000 只左右，只需要 1 个人就能完成日常管理，劳动效率高。养殖设施全部实现了自动化，采用 8 层叠层笼养；自动饮水系统，每个笼里设置 2 个乳头饮水器，乳头下面设置一条 V 形接水槽，把鸡只喝水时溅出的水花接下来，然后自然蒸发，这样鸡只溅出的水花不会掉到鸡粪里，使鸡粪更加干燥；采用全自动化输料和喂料系统，减少劳动量；自动通风降温系统，湿帘降温、纵向通风，实现自动通风降温、排气、换气，能够满足蛋鸡生产对环境的要求；采用全自动集蛋线和成套鸡蛋分拣设备，能够节省人力和降低了破蛋率；结构独特的纵向清粪带，鸡粪含水量低，呈颗料状。消毒设施齐备，定期带鸡消毒提高鸡舍环境质量。污水采用沉降池及化粪池处理，达标后排放。

三、成 效

单栋 5 万只鸡场标准化建设模式是蛋鸡规模化养殖的产物，在饲料供应、蛋鸡养殖、蛋品处理、鸡粪处理、兽医防疫等环节均实现了标准化生产，有利于产品的质量控制。养殖场区选址和布局合理，育雏育成场与产蛋鸡场分开独立分设，有助于实现分区养殖的"全进全出"制，有效切断了疫病传播途径，避免了混合感染，降低了疫病风险。整个鸡舍采取全封闭设计，能做到与外界很好的隔离，防疫风险小。蛋鸡养殖过程实现了自动化，在饲料运输、饲喂、饮水、粪便清理、鸡蛋收集、鸡舍环境控制等方面实现了机械操作，在保证鸡舍环境空气质量的基础上，不但有效地缓解了当前劳动力紧张引起的雇工难问题，而且极大地提高了劳动效率，是今后我国蛋鸡养殖业发展的方向。

该模式下生产的鸡蛋均为品牌鸡蛋，由于产业链相对比较完整，生产过程控制相对比较容易，而且由于鸡蛋不与鸡体和粪便接触，鸡蛋外观相对比较洁净，采用自动集蛋设施，能够对鸡蛋进行分级处理，鸡蛋品质能够得到保证。

在该模式下，蛋鸡生产效率比较高，生产性能表现优异。母鸡育成期存活率为 97%～98%，产蛋期存活率为 94%～96%。高峰产蛋率为 95%～98%，入舍母鸡年产蛋 335～355 枚，35 周龄平均蛋重为 62.0 克，料蛋比 (2.0～2.05)∶1。

四、案 例

安徽圣迪乐村生态食品公司位于安徽省铜陵市铜陵县顺安镇沈桥村，占地面积 10 万平方米。2010 年 9 月开工建设，总投资 1.1 亿元。采用两阶段饲养，单栋全进全出模式，设计饲养规模为产蛋鸡 50 万只，年产蛋鸡饲料 5 万吨，高品鸡蛋 8 000 吨。2010 年满负荷运转。饲养品种为罗曼粉，平均产蛋率 85%，平均蛋重 58.6 克，全程成活率 89%，淘汰鸡 72 周龄，料蛋比 2.26∶1，防疫治疗费 2.18 元／只。

场区布局合理，按功能分为生产区、生活区与办公区，各区完全分开。生产区分为育雏育成区与产蛋区，净、污道分开。生产区由 11 栋鸡舍组成，其中，育雏育成舍 3 栋，产蛋鸡舍 8 栋，每栋长 73 米，宽 15 米，单栋饲养量为 53 000 只。

公司实现了从鸡苗、饲料、养殖、包装的全产业链发展，从各个方面保证蛋品质量的安全。鸡苗来自于圣迪乐禽业公司，从源头上保证鸡苗质量。自己生产饲料，原料均来源于东北绿色种植基地，饲料采用自动化生产，原料进入原料仓后启动设备即可按照预先设定的配方进行生产。蛋鸡饲养采用国内最先进的成套自动化养殖设备，实现各个环节的自动化，提高了工作效率，也有利于生产性能的发挥。蛋品包装引进荷兰设备，实现自动清洗、超声波检测裂纹、紫外线消毒，然后按照重量和外壳质量自动进行分级、喷码和包装，最后生产出高品质系列蛋品运抵市场（图 4-3 和图 4-4）。

图 4-3 育雏舍层叠式育雏体系　　图 4-4 产蛋鸡舍自动集蛋设备

（詹凯）

第三节 中小规模鸡舍内部环境控制技术

一、概 述

目前，规模化养鸡环境控制的目标大多是从提高鸡群生产性能的角度，从小气候环境条件与鸡群生产性能的相互关系来确定较适宜的环境设计参数取值。例如，鸡舍的温度控制主要寻求在鸡体代谢的热中性范围或避免热应激为控制范围，并以此来设计配置通风、降温与供暖系统的设备容量等。鸡舍的光照控制更是以保持鸡群的高产为目标进行设计与运行管理。有害气体及湿度控制等也是以不影响鸡的生产性能来制定设计和运行标准。这种环境控制设计目标可保持鸡群的较高生产性能、较低饲料消耗，达到较高产出的目的。但是，现代高产鸡的品种，对小气候环境参数的突然变化的适应力很弱，一些常规的环境控制措施，例如，湿帘风机降温系统，在高温季节每天上午开水泵的瞬间舍温即会下降5℃以上，造成鸡的应激，反而影响了鸡的生产性能。这也是现代养鸡生产对环境控制技术提出的一些新要求。为此，如何搞好鸡场建设以及利用先进的设施设备，实现鸡舍内部环境的智能化控制显得尤为迫切。

鸡场内部环境控制，具体包括鸡舍场址的选择、鸡舍建筑设计、鸡舍建筑工艺，舍内温度、湿度、光照、有害气体等内环境以及内环境的控制系统。本节重点介绍舍内温度、湿度、光照、有害气体等内环境控制。

（一）温度控制

（1）**鸡舍建筑材料的选用** 笔者经过多年的实践，认为鸡舍建筑材料对温度的控制起到至关重要的作用。在我国南方地区，许多规模鸡场在建设之初采用砖混结构作为墙体，用水泥瓦作为屋面，结果在炎热的夏天和寒冷的冬季无法有效控制温度，导致鸡群呼吸系统疾病的发生，生产性能低下，损失惨重。因此，在鸡舍建设时应选择保温、隔热效果好，成本低的材料。经过实践，目前以选择新型无机玻璃钢保温板材效果较好。在建设时，整个鸡舍全部采用板材加钢架结构建设，大小根据场地和规模、设备确定，以全封闭效果较好。

（2）**鸡舍的供温** 重点是育雏期的供温。在雏鸡阶段，育雏温度要达到35℃，随后出现一个递减的趋势。可采用锅炉水暖散热片供温或地暖供温、烟道供温、电暖器供温等，可安装自动调温系统，根据蛋鸡日龄和体重调节舍温。

（3）**鸡舍的降温** 全封闭鸡舍采用水帘降温系统效果十分理想。在鸡舍建设时，请专业设备公司根据鸡舍的大小和空间容积，准确计算风机的数量和水帘的面积，安装水帘降温系统，风机要求可以自动变档。值得注意的是，水帘风口不能直接对着鸡笼，而应呈向上30度夹角，让冷风从上往下吹。在鸡舍的上部再设置可控进风口，也是呈向上30度夹角，风口可以是30厘米×40厘米大小，根据具体季节及温度进行开合。在半开放的鸡舍中降温可以采用喷雾风扇和鼓风机降温。同时，还可以通过调整鸡只的日粮结构，增加饮水量等来实现降温的目的。

（二）湿度控制

鸡的自动饮水器泄漏是造成舍内湿度高的一个重要原因，因此，在选择和安装饮水器时必须选择性能好、安全的饮水器。夏季湿度主要受外界空气湿度和水帘使用管理的影响，通过水帘的间断启动和湿度过大后水帘的停用，可调节舍内湿度。冬季主要因为鸡舍通风较少使舍内水分不能排出，应注意鸡舍通风，当湿度超过80%时，需加强通风，并向鸡舍地面撒生石灰。

（三）光照控制

全封闭的鸡舍可采用安装自动光照系统进行全人工光照照明，但一定要安装发电机系统避免停电时的巨大损失。半开放的鸡舍可采用自然光照加人工光照相结合的办法给鸡舍

照明。光照时间和强度根据鸡只的日龄和类型确定。

（四）有害气体控制

鸡舍中的有害气体，有的是由于鸡本身存在而产生的，有的是因为外界气温等环境变化而产生的，有害气体是造成鸡发生疾病的重要原因。对有害气体的控制，可以采取以下几种措施。

（1）合理安装风机 可通过将风机安装在鸡舍的下半部，进风口设置在鸡舍的上半部，让空气从上往下流动，避免舍内的有害气体上升影响蛋鸡生长发育和生产。

（2）及时清除有害气体源 鸡粪是有害气体的重要来源，要及时进行清理。可在鸡笼的下部设置粪槽，采用机械刮粪设备进行粪便清除，每天1次。

（3）采用生物化学及中草药除臭 使用有益微生物制剂，如EM制剂（有益微生物制剂）等，拌料饲喂、溶于水饮用或喷洒鸡舍，除臭效果显著。

（4）利用吸附剂排除有害气体 利用沸石、丝兰提取物、木炭、活性炭和生石灰等具有吸附作用的物质吸附空气中的有害气体。用网袋装入木炭悬挂在鸡舍内或在地面撒一些活性炭、生石灰等对消除有害气体有一定好处。

二、特 点

保温、隔热、价廉的新型无机玻璃钢保温板建筑材料是搞好鸡舍温度、湿度、光照、有害气体控制的基础，自动化的设备加现代化的电脑控制系统是搞好鸡舍温度、湿度、光照、有害气体控制的关键。新型的无机玻璃钢保温板建筑材料具有造价低廉（按建筑面积核算每平方米造价在350元以内，与传统砖瓦结构的鸡舍相比，可减少30%投资）、保温隔热效果好（由于相同厚度的苯板导热系数仅为红砖的1/10，所以，10厘米厚的无机玻璃钢保温板的保温性能大约与1米厚砖墙等同，可做到冬暖夏凉，夏天室内外温差可达到7～8℃）、洁净卫生（材质本身不但不会滋生细菌，而且还能抑制细菌生存。另外，该种板材表面光滑、洁净利于清扫，防止藏污纳垢。用作墙体防水、防潮、防霉，有效防止了有害微生物的滋生，对预防疾病、实现安全养鸡具有极其重要的作用）、经久耐用（防火、防水、抗酸碱、耐腐蚀、表面强硬坚固，有极好的抗风、抗雪灾、抗冲击能力。其综合性能优异，鸡舍使用寿命可达30年以上）、安装便捷（搭建起来相当的便捷迅速、省时省力。500平方米鸡舍只需6名工人，用时5天）、美观大方、用途广泛等优点。自动化的温度、光照、有害气体、湿度等控制系统可以根据季节、鸡的日龄与类型、舍内有害气体浓度、光照强度、湿度等进行自动而有效的调节，其触点和探头以及中央控制系统是关键。

三、成 效

目前，鸡场建设主要以全封闭为主。通过选用合适的建筑材料以及先进的设施设备和自动化控制系统，其舍内环境得到了有效控制。采用新型的建筑材料无机玻璃钢保温板建设的鸡舍，其保温、隔热效果十分理想，可有效的阻断能量的传播，即使在寒冷的冬季，利用鸡只本身的体温都可将舍温升到10℃左右。在炎热的夏天，其太阳辐射热根本无法到达舍内，其温差可达到5~10℃。采用热水锅炉的水暖地暖循环供热，简单而适用，如果修建沼气池(中温沼气池效果较好,可解决冬天沼气池产气难题)利用鸡粪产沼气供能，既可以节约能源提高效益，又可以实现清洁生产保护环境。采用智能水帘降温系统，合理地安装水帘、水帘风口、通风口、温度探头、风机位置等，可以实现温度的均衡而有效的控制，避免温差过大对鸡群造成应激而影响生产性能。通过采用湿度探头以及通风控制系统和合理选用供水系统，可以有效地控制鸡舍湿度。通过建立氨气、硫化氢、二氧化碳等有害气体报警系统以及建立槽式刮粪系统及时清除粪便，并通过设置纵向从上往下的通风系统，可以有效地减少有害气体对鸡群的危害。

四、案 例

（一）全自动蛋鸡标准化示范场

四川省峨眉山市全林农业科技有限公司于2009年在峨眉山市高桥镇黄茅村修建了1个具有"全封闭、全自动、全监控、高标准、高性能、高品质、无排放、零污染"特点、存栏15万只的标准化蛋鸡场。在2010年全国农业部畜禽标准化示范创建活动中，该场被省级专家评为全省蛋鸡标准化创建示范第一名，被农业部授予全国"蛋鸡标准化示范场"称号。采用目前国内先进的设施设备，实现了饲料、饮水、温度、通风、照明、有害气体、清粪等自动化控制。采用了先进的设施设备，产蛋高峰期达到了30周左右，延长了5周以上；平均产蛋率达到95%以上，提高了4个百分点；死淘率下降了8个百分点；料蛋比下降了0.3；用工人数从过去的30人降为12人。

（二）新型建筑材料示范场

由四川恒达农牧建材科技有限公司承建的四川金凉山公司种鸡场，全部采用无机玻璃钢保温板材建设，解决了高寒山区蛋鸡的保温隔热难题。鸡只成活率得到了大幅度提高，比传统的彩钢房成活率提高了6.5%,节约保温成本10%以上。同时,大大地降低了建设成本，每平方米造价不足300元（含门窗）。缩短了建设时间，建设1个存栏种鸡1万套、建筑面积10000平方米的鸡场，仅60天即可完成（图4-5和图4-6）。

图4-5 温度湿度光照有害气体等 图4-6 自动风机控制系统
　　　中央控制盒

（陈瑞国）

第四节 鸡舍内带鸡消毒技术

一、概 述

带鸡消毒就是在舍内饲养鸡只情况下，使用对鸡只刺激性小的消毒药物合理配比后，利用一定压力将其均匀喷洒在鸡舍内空间之中，起到消毒降尘、预防疾病的一种消毒方法。带鸡消毒不仅能直接杀灭隐藏于鸡舍内环境以及鸡体表面和呼吸道中的病原微生物，而且有利于沉降粉尘，净化空气，防暑降温，提高湿度和阻止病原扩散，是当代集约化养鸡综合防疫的重要组成部分，是控制鸡舍内环境污染和疫病传播的有效手段之一，是减少疫病传播和感染的最重要的防控措施。带鸡消毒技术包括消毒前鸡舍的处理、消毒药品的选择、消毒液的配制、消毒器械的选择、消毒方法、消毒频率等关键技术环节。

（1）消毒前鸡舍的处理 消毒前应先清扫鸡舍内的污物，要尽可能彻底地扫除鸡笼、地面、墙壁、物品上的鸡粪、羽毛、粉尘、污秽垫料和屋顶蜘蛛网等，同时用清水冲洗鸡舍，冲洗的污水应由下水道或暗水道排流到远处，不能排到鸡舍周围，以使消毒发挥较好的效果。如有可能，笼养鸡舍在彻底清扫后，可用清水冲刷鸡舍地面，提高消毒效果。

（2）消毒剂的选择 带鸡消毒对消毒药物的要求比较严格，消毒剂必须是广谱、高效、渗透力强；在水中完全溶解，无沉淀产生，不堵塞喷头；对金属塑料制品的腐蚀性小，对人和鸡的吸入毒性、刺激性、皮肤吸收性小，不会侵入残留在肉和蛋中。常见的带鸡消毒剂有过氧化物类和季铵盐类等，常见的消毒剂有强力消毒灵、过氧乙酸、新洁尔灭、次氯酸钠、菌毒敌、百毒杀、金碘、复合酚等。如用两种或两种以上消毒剂定期交叉循环使用效果更好。

（3）消毒液的配制 各种消毒药品都有适宜的有效浓度，要按照使用要求配制药液。配制消毒药液用井水较好。消毒液的浓度要均匀，对不易溶于水的药应充分搅拌使其溶解。消毒药液温度由20℃提高到30℃时效力可增加数倍。所以，配制消毒药液时，要用热水稀释，但水温也不能太高，一般应控制在40℃以下。配制好的消毒药液稳定性变差，不宜久存，应现用现配，一次用完。

（4）消毒器械的选择 消毒设备的正确使用，不仅能提高消毒效率，同时保证消毒效果。根据实际情况，选择合理的消毒设备。如果是小鸡舍或小场区，可以使用肩背式喷雾器，方便简单，不需电力。在大型鸡舍，应选择使用高压动力喷雾装置。高压动力喷雾装置不仅消毒距离远，且速度较快，消毒1000平方米的鸡舍，只需要15～20分钟。同时，消毒泵运转时所产生的压力，能够保证消毒距离远，且产生均匀的雾滴，有力保证消毒的效果。成年鸡最好使用高压动力喷雾装置，雏鸡用背式喷雾器比较方便。

（5）消毒方法 带鸡消毒的对象包括舍内一切物品、设备和鸡群。带鸡消毒时应关闭门窗，为减少应急可在暗光下进行。消毒时间一般在每天的中午温暖时或熄灯以后进行。在高温季节，也可以在每天最炎热时进行，可以同时起到防暑降温的作用，但是若无通风设备，则要谨慎进行，否则会适得其反。喷头距鸡体50厘米左右，喷嘴向上喷出雾粒，使消毒液呈雾状均匀落在笼具、鸡的体表和地面，使鸡的羽毛微湿，同时喷洒、冲洗房梁与通风口处，绝不可以对鸡体直接喷射。雾粒大小控制在 80～120 微米，雾粒太小易被鸡吸入呼吸道引起肺水肿甚至诱发呼吸道疾病；雾粒太大易造成喷雾不均匀和鸡舍太潮湿。一般每立方米 15～20 毫升消毒液。喷雾时按由上而下、由内而外的顺序进行。冻干苗免疫接种前后 3 天内停止带鸡消毒以防影响免疫效果。以地面、墙壁、天花板均匀湿润和家禽体表微湿的程度为止。

（6）消毒频率　一般应根据鸡群日龄来确定，1～20 日龄的鸡群 3 天消毒 1 次，21～40 日龄的鸡群隔天消毒 1 次，成年鸡或产蛋鸡根据情况采取定期或不定期的消毒。定期消毒一般在鸡群传染病的高发季节或高发日龄进行，如春秋两季各消毒 1 次，以消灭各种有害微生物；紧急消毒是指在鸡群发生传染病时，为控制疫病蔓延和防止传染而采取的应急消毒措施。

二、特 点

带鸡消毒是蛋鸡养殖场疫苗免疫的有效补充，是防疫的重要组成部分。在蛋鸡饲养过程中，不可避免地会通过不同途径，如人员的流动、饲料、水源、空气等，造成病原微生物传入鸡舍从而引发疾病。因此，在常规免疫的基础上，有必要进行带鸡消毒。

（1）带鸡消毒可以降低鸡舍病原微生物含量　传染病发生的首要条件就是环境中存在一定含量的致病病原，因此控制传染源是疾病防控的关键工作之一。带鸡消毒能有效杀灭致病病原，每天通过带鸡消毒，减少鸡舍内病原微生物含量，使其维持在无害的水平范围内，避免疾病在鸡群间传播。

（2）带鸡消毒可以提高鸡舍内空气质量　鸡舍内通常粉尘较多，易诱发鸡的呼吸道疾病。带鸡消毒时水雾可以加速悬浮在空气中的尘埃等固形物凝集沉降，舍内地面、笼架、设备等粉尘源得到控制，减缓粉尘继续产生，达到净化空气的目的。

（3）带鸡消毒可以为舍内环境加湿降温　冬春季节空气干燥，带鸡消毒可以增加空气湿度，消毒液不断蒸发到空气中，补充舍内水气，能缓解干燥的空气对鸡只呼吸道黏膜的损伤；夏季高温，通过带鸡消毒能有效降低舍内设备和环境的温度，利用鸡只体表消毒液的传导和蒸发达到为鸡只降温的目的。

带鸡消毒应形成一项制度，并长期坚持，使其成为一项长期固定的操作流程，为鸡群创造健康、舒适的生产环境。

三、成 效

带鸡消毒受到很多因素的影响，不同消毒方法、不同消毒剂、不同药物浓度等都会产生不同的效果，所以对不同消毒对象选择合适的消毒方法、消毒剂及消毒药浓度仍要注意，应通过试验研究，针对不同的消毒对象选择不同的消毒剂。过氧乙酸为高效消毒剂，可广泛使用于空气、环境消毒；含碘化合物、含氯化合物、季铵盐类化合物，大多数为中效消毒剂，常用于皮肤黏膜的消毒和外环境表面的消毒及水体、容器、食具、排泄物或疫源地的消毒。

使用"安比杀"碘三氧消毒剂（北京瑞先农科技发展有限公司）（稀释倍数为1:400）进行带鸡消毒后，可以使每立方米空气中的细菌总数由消毒前的 2.55×10^8 个减少至消毒后的 2.16×10^8 个，细菌杀灭率为15.2%，如果使用气溶胶喷雾器，细菌杀灭率可以达到29.47%。使用过硫酸氢钾复合物粉带鸡消毒后，设施表面细菌总数和大肠埃希菌分别平均下降45.76%和78.51%，鸡群的死亡率比对照组鸡群平均下降了2.86%（$P < 0.05$）。三氯异氰尿酸粉、碘+磷酸溶液、癸甲溴铵溶液和过氧化氢+过氧乙酸在低浓度下作用，即可杀死新城疫病毒和4种主要致病细菌（大肠杆菌、沙门氏菌、巴氏杆菌和葡萄球菌），综合效果最好。

四、案 例

巢湖市金凤鸡场位于安徽省巢湖市含山县清溪镇姚垅村长山脚下，占地5.3万平方米，场区远离主要交通要道，周边环境良好，无化工、屠宰企业。于2008年5月建成投产（前身是巢湖市东方鸡场建于2002年），总投资2000万元，总建筑面积约8000平方米，员工32人。采用两阶段饲养，单栋全进全出模式，设计饲养规模为产蛋鸡10万只。饲养品种为京红1号，高峰期产蛋率96%以上，90%以上产蛋率维持7个月以上，淘汰鸡72～76周龄。

带鸡消毒设备为集自动饲喂、自动喷雾消毒、自动喷雾降温为一体的行车式全自动喂料机，自动喷雾和自动喷雾降温装置由电源控制器、电机、喷头以及液体输送管道组成。喷头位于每个料箱正上方，高于料箱80厘米，每个料箱上1个喷雾装置，安装2个喷头，共16个喷头，雾粒大小为100微米，每次消毒时间为12分钟。经常使用的消毒剂为过氧乙酸、碘制剂（聚维酮碘等）以及含氯化合物（二氧化氯泡腾片等）等，交替使用。一般3～5天消毒1次（图4-7～图4-9）。

图 4-7 喷雾消毒喷头

图 4-8 喷雾消毒容器及电机

图 4-9 带鸡喷雾消毒效果

（詹凯）

第五节 育雏舍管道式加温技术

一、概 述

（一）供暖设备型号及材料、材质的选择

1. 锅炉及其附属设备的选择

为了满足负荷，雏鸡小区需配备两台热水供暖锅炉，其型号为DZL型，1台2.8兆瓦，1台1.4兆瓦，分季节使用并且一用一备。2.8兆瓦热水锅炉，在秋、冬、春三个季节做主供暖，1.4兆瓦热水锅炉，用于夏季辅助供暖，并做备用。

根据北京市地方污染物排放标准，雏鸡小区热水锅炉需配套安装脱硫除尘器，雏鸡小区备用锅炉运行时间较短，可以安装一台多管除尘器，主要目的是净化环境，减少污染。

雏鸡小区由于生产区负荷流量已达到每小时100立方米，考虑生活区及供暖管道，总流量约每小时150立方米，所以选择循环泵的流量为每小时186立方米，扬程28米。

为了保障锅炉水质，须安装一台软化水设备，使锅炉不结生水垢，从而达到节约能源及延长锅炉使用寿命的目的。软化设备的选择要耐用，出水质量稳定，节省人力低盐耗的设备。目前，公司使用的是全自动流量型软化水设备，它具有连续不断的出水特点，能够自动再生、正洗、反洗、自动切换，有效降低运行成本。

2. 泵房内供回水管道

泵房内供回水管道为Φ159无缝钢管，其型号为Φ159×4，冬季管暖循环泵2台，其型号为：ZW150-125-315，一用一备；夏季供暖循环泵两台，其型号为：ZW100-80-160，一用一备；洗澡水循环泵2台，其型号为ZW50-32-160，一用一备；锅炉循环水系统补水泵型号：LG1¼，一用一备。

3. 室外供暖主管道

室外供暖主管道采用Φ150或Φ165焊管加工制作的管中管，其保温材料为聚氨酯发泡塑料夹克型。

4. 管道张力设施

管道张力设施采用"Z"字形自然伸缩或安装与管道型号相符的不锈钢弹簧式伸缩器，型号为DN150。

5. 泄水管道

管道的泄水为Φ20短管和DN20阀门控制。排气装置采用手动或自动排气阀，其型号为DN20。

6. 生产区单栋雏鸡进户供暖管道

生产区单栋雏鸡进户供暖管道Φ80地埋保温管，生活区采暖面积400平米左右进户管道用Φ50地埋保温管。

（二）采暖设备材料、材质的选型标准

① 雏鸡舍翅片管型号为 Φ89 焊管缠绕型和 Φ76 焊管缠绕型。翅片高度 10 毫米，翅片厚度 1.2 毫米，翅片间距 10 毫米。

② 雏鸡值班室和生活区室内采暖可采用 700 型铸铁暖气片。

③ 雏鸡舍流量分配管。主管分 Φ89 焊管，分管为 Φ50 焊管。

④ 生活区室内暖气主管道采用 Φ63PPR 热熔管，连接管为 Φ25PPR 热熔管。管壁厚度：Φ63×8.7，Φ25×3.5。

（三）供暖主管道设计要求

雏鸡小区由于 2.8 兆瓦热水锅炉的循环流量是每小时 100 立方米，其出水供热管径是 DN125，又因为雏鸡舍和生活区总循环流量为每小时 150 立方米，所以供暖主管道选择 DN150、保温厚度 50 毫米的塑料夹克保温管才能满足系统循环流量，系统在最后两栋的供暖管径由 DN150 变为 DN125。

由于系统热力管道的热胀冷缩，所以要考虑管道的伸缩量，防止损坏焊口，一般情况下距锅炉房出口 60 米位置安装伸缩器较合理，伸缩力较集中，若主管道有自然反弯区域（100 米以内），可省略不安装伸缩器，但直线管道 100 米之内，须有伸缩，才能适应管道的冷缩热胀。波型伸缩器的安装要注意两点：第一是水平兰盘连接不得有弯曲，砌筑井时管道保温层外要留余量，不得压实；第二是安装完成后要松开可调整螺母，使其能自由伸缩。

（四）单栋雏鸡舍采暖设计要求

(1) 管道的分布 进栋管及舍内主管道选用 DN80 焊管，栋外为地埋保温，进栋后，安装控制阀门，主管沿养鸡设备机头前端的上方由起点端到对面墙终点端固定，尾端做放气装置。每列机组的前端，都要做两根供暖分管道，一供一回，并且在采暖供水分管道上，安装控制阀门以便于控制流量。

(2) 鸡舍散热材料 采用翅片管 DN80 和 DN65 两种型号，要求安装前经热镀锌处理。DN80 翅片管为主散热，安装在每列机组下端，左右一回程，尾部用同径焊管连接，并做排水装置及放气装置。DN65 翅片管为辅助散热，安装在鸡舍两侧墙下侧，各一回程，尾端用压制弯头焊制连接，并做排水和放气装置。单栋鸡舍 DN80 翅片管（120 根）720 米，DN65 翅片管（60 根）360 米。

单栋雏鸡舍采暖面积为 1162 平方米，按舍温 40℃计算，需要散热面积：697 平方米；翅片管 DN80 型 720 米长，散热面积为 576 平方米；DN65 型 360 米散热面积为 216 平方米，二者合计 792 平方米，满足鸡舍所需。

二、特 点

育雏育成舍供暖锅炉房的设计靠近热负荷，使用引出热力管道和室外管网的布置在技术、经济上合理，设备安装操作运行、维护检修的安全和方便；供暖管道为主管道，全部采用地埋敷设。

三、成 效

采用锅炉水温供暖，改变暖气管道的布局，安装在鸡笼下方，均匀的铺设在 5 条走道上，保证舍内温度的均匀，使得 90 米鸡舍前后温差能够控制在 1℃ 以内，解决了育雏期温度不均的难题，减少因舍内温度不均匀带来的各种呼吸道疾病或应激的发生，并有利于雏鸡生长性能的发挥，目前后备鸡转出时合格率达到 98%；死淘率降低了 1.8 个百分点。

四、案 例

（一）生产区供暖管道安装，供暖管道为主管道，全部采用地埋敷设

① 从锅炉房延伸到距鸡舍前外墙 8 米处，垂直于鸡舍前墙，横向由第一栋到第六栋。施沟深度 1～1.2 米，宽 1.2～1.4 米。如果供水主管道同时用此沟铺设，沟宽将加至 1.8 米至 2 米。

② 根据挖沟土质软硬度，软土质需要沟底浇铸混凝土垫层，坡向管道终端，坡度 3‰。

③ 暖气管道焊接时采用管口对接，管口均焊两遍，管线成直线型，遇有拐弯处要用 90 度弯头焊接。距锅炉房 60～80 米处设置管道自然伸缩器，要求必须彻井。

④ 安装伸缩器时要保持水平，伸缩器地步距地面保持 200 毫米间距。

⑤ 当两端连接面固定后，要把伸缩器的调整螺丝全部松开。调整距离为 30～50 毫米。以利于自然伸缩。

⑥ 供暖管道尾端或向上反弯处需设排气和泄水装置，并要求彻井。

⑦ 排气管要垂直焊接在管道最高点，以利于排气，泄水管焊接在管道底部，二者控制阀门采用铜球阀。

⑧ 管道连通管：为了避免管道冻裂，在供暖分管道尾部，要加装供回水连通管，管直径选 Φ15 金属管，中间安装调节阀门，便于更换和调整。

⑨ 入户分管道与主管道连接时，采用正扣式焊接，分管道高于主管道有利于排气及焊接。（入户处要提前预留洞口）所有焊口必须经水压试验，试验压力为 1.5 倍的工作压力。确定无泄漏点后要恢复保温，严禁裸露金属管。减少热损失。

（二）锅炉及其附属设备的布局与定位标准（图 4-10）

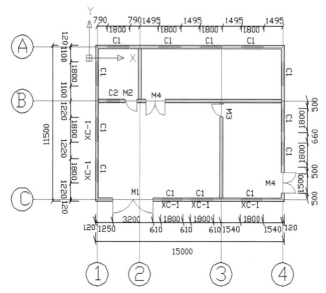

图 4-10 锅炉及其附属设备的布局与定位标准

根据地区温差特点,南方（如湖北）可缩减锅炉房尺寸,锅炉房场由 19 米缩减到 17 米,宽由 17.5 米缩减到 15 米（图 4-11 ～图 4-14）。

图 4-11 锅炉房定位　　图 4-12 锅炉系统补水控制表

图 4-13 单栋雏鸡舍内供暖设备布局　　图 4-14 软化水设备及储水箱

（曲鲁江）

第六节 西北地区规模养鸡场设计

一、概 述

西北地域辽阔，包括陕西、甘肃、宁夏回族自治区（以下简称宁夏）、青海、新疆，面积304.3万平方米，占国土陆地面积的31.7%。西北地区地处亚欧大陆腹地，大部地区降水稀少，全年降水量多数在500毫米以下，属干旱半干旱地区，冬季严寒、夏季高温，气候干旱是西北地区最突出的自然特征。同时，西北地区也属于经济欠发达地区，因此鸡场设计既要综合考虑资金、技术、人员配备、环保、节能等方面因素，又要考虑鸡舍冬季保温、夏季降温的问题，结合农业部实施蛋鸡标准化规模养殖示范创建活动及西北蛋鸡养殖实际及未来发展，西北地区不同规模鸡场以适合农户群体（1万～5万只）、中等规模群体（5万～10万只）、集约化养殖20万只以上3种模式为主。

（一）鸡场设计的原则

1. 场址选择

鸡场选址不得位于《畜牧法》明令禁止的区域。应遵循节约土地、尽量不占耕地，利用荒地、丘陵山地的原则；远离居民区与交通主干道，避开其他养殖区和屠宰场。

（1）**地形地势** 应选择在地势高燥非耕地地段，在丘陵山地应选择坡度不超过20度的阳坡，排水便利。

（2）**水源水质** 具有稳定的水源，水质要符合《畜禽饮用水水质》标准。

（3）**电力供应** 采用当地电网供应，且备有柴油发电机组作为备用电源。

（4）**交通设施** 交通便利，但应远离交通主干道，距交通主干道不少于1 000米以上，距居民区500米以上。

2. 场区规划

（1）**饲养模式** 采用"育雏育成"和"产蛋"两阶段饲养模式。

（2）**饲养制度** 采用同一栋鸡舍或同一鸡场只饲养同一批日龄的鸡，全进全出制度。

（3）**单栋鸡舍饲养量** 建议半开放式小型鸡场每栋饲养5 000只以上，大中型鸡场密闭式鸡舍单栋饲养1万只、3万只或5万只以上。

3. 鸡场布局

（1）**总体原则** 结合防疫和组织生产，场区布局为生活区、办公区、辅助生产区、生产区、污粪处理区。

（2）**排列原则** 按照主导风向、地势高低及水流方向依次为生活区→办公区→辅助生产区→生产区→污粪处理区。地势与风向不一致时，则以主导风向为主。

① 生活区：在整个场区的上风向，有条件最好与办公区分开，与办公区距离最好保持在30米以上。

② 办公区：鸡场的管理区，与辅助区相连，要有围墙相隔。

③ 辅助生产区：主要有消毒过道、饲料加工车间及饲料库、蛋库、配电室、水塔、维修间、化验室等。

④ 生产区：包括育雏育成鸡舍、蛋鸡舍。育雏育成鸡舍应在生产区的上风向，与蛋鸡舍保持一定距离。一般育雏育成鸡舍与蛋鸡舍按 1∶3 配套建设。

⑤ 污粪处理区：在鸡场的下风向，主要有焚烧炉、污水和鸡粪处理设施等。

（3）鸡场道路 分净道和污道。净道作为场内运输饲料、鸡群和鸡蛋的道路；污道用于运输粪便、死鸡和病鸡。净道和污道二者不能交叉。

（二）鸡舍建设设计

鸡舍建筑设计是鸡场建设的核心，西北地区在鸡舍设计上要考虑夏季防暑降温、冬季保暖的问题。

1. 鸡舍朝向及间距

（1）鸡舍朝向 采用坐北朝南，东西走向或南偏东 15 度左右，有利于提高冬季鸡舍保温和避免夏季太阳辐射，利用主导风向，改善鸡舍通风条件。

（2）鸡舍间距 育雏育成舍 10～20 米，成鸡舍 10～15 米；育雏区与产蛋区要保持一定距离，一般在 50 米以上。

2. 鸡舍建筑类型

根据西北气候特点，应以密闭式和半开放式鸡舍为主

（1）密闭式鸡舍 鸡舍无窗，只有能遮光的进气孔，机械化、自动化程度较高，鸡舍内温湿度和光照通过调节设备控制。要求房顶和墙体要用隔热性能好的材料。

（2）半开放式鸡舍 也称有窗鸡舍，南墙留有较大窗户，北墙有较小窗户。这类鸡舍全部或大部靠自然通风、自然光照，舍内环境受季节的影响较大，舍内温度随季节变化而变化；如果冬季鸡舍内温度达不到要求，一般西北地区冬季在舍内加火炉或火墙来提高温度。

3. 鸡舍结构要求

（1）地基与地面 地基应深厚、结实，舍内地面应高于舍外，大型密闭式鸡舍水泥地面应作防渗、防潮、平坦处理，利于清洗消毒。

（2）墙壁 要求保温隔热性能好，37 墙、外加保温板，能防御风雨雪侵袭；墙内面用水泥掛面，以便防潮和利于冲洗消毒。

（3）屋顶 密闭式鸡舍一般采用双坡式，屋顶密封不设窗户，采用 H 型钢柱、钢梁或 C 型钢檩条，屋面采用 10 厘米厚彩钢保温板。

（4）门窗 全密闭式鸡舍门一般设在鸡舍的南侧，不设窗户，只有通风孔，在南北墙两侧或前端工作道墙上设湿帘。半开放式鸡舍门一般开在净道一侧工作间，双开门大小 1.8 米 ×1.6 米。窗户一般设在南北墙上，一般为 1.2 米 ×0.9 米（双层玻璃窗），便于采光和通风。

通过多年的摸索，宁夏一些鸡场在夏季防暑降温上大胆创新，采用空心砖作为湿帘，应用效果较好，主要是西北地区风沙比较大，对纸质湿帘的使用寿命有影响，冬季用保温

板或用泥涂抹后即可解决保温问题。

（5）**鸡舍跨度、长度和高度** 鸡舍的跨度、长度和高度依鸡场的地形、采用的笼具和单栋鸡舍存栏而定。例如密闭式鸡舍，存栏 1 万只，采用 3 列 4 道 4 阶梯，跨度 11.4～13.8 米，长度 65 米，高度 3.6 米（高出最上层鸡笼 1～1.5 米）。半开放式鸡舍存栏 5000 只，采用 3 列 4 道 3 阶梯式，鸡舍长 40 米，跨度 10.5 米，高度 3.6 米。

（三）鸡舍设备

（1）**鸡笼** 阶梯式或层叠式。

（2）**自动喂料系统** 行车式；半开放式鸡舍也可采用人工喂料。

（3）**自动饮水系统** 乳头式。

（4）**自动光照系统** 节能灯、定时开关系统。

（5）**清粪系统** 刮粪板、钢丝绳、减速机。

二、特 点

标准化规模养殖是今后一个时期我国蛋鸡养殖的发展方向，它在场址选择、布局上要求较高，各功能区相对独立且有一定距离，生产区净道和污道分开，不能交叉，采用全进全出的饲养模式，有利于疫病防控。同时，密闭式鸡舍由于机械化、自动化程度高，需要较大的资金投入，造价高，但舍内环境通过各种设备控制，可减少外界环境对鸡群的影响。提高了饲养密度，可节约土地，并能够提高劳动效率。

半开放式鸡舍与密闭式相比，土建和鸡舍内部设备投资相对较少，造价低。但外部环境对鸡群的影响较大。

三、成 效

标准化规模养鸡场的建设，在鸡场场址选择、布局、鸡舍建设、鸡舍内部设施以及附属设施建设上要求较高，必须严格按照标准进行，同时采取了育雏育成期和产蛋期两阶段的饲养模式，实施"全进全出"的饲养管理制度，有效地阻断了疫病传播，提高了鸡群健康水平。全自动饲养设备，配套纵向通风湿帘降温系统和饮水、喂料、带鸡消毒等自动化工艺，先进的自动分拣、分级包装设备，极大地提高了劳动效率。采用全自动设备养鸡，使鸡舍小环境得到有效控制，蛋鸡的生产性能得到充分发挥，主要表现在育雏育成成活率高达 97% 以上，产蛋期成活率在 94% 以上；77 周龄淘汰，料蛋比 2.20∶1。

四、案 例

宁夏顺宝现代农业有限公司于 2001 年 3 月成立，位于青铜峡市邵岗镇甘城子，贺兰山东麓地区，距居民区 5 千米，周边 30 千米内无其他养殖场。该场布局合理，分办公区、生活区和生产区。

公司占地面积近 133 万平方米，已形成了存栏蛋鸡 60 万只，年加工鸡饲料 4 万吨，鸡粪无害化处理 3 万吨，屠宰加工淘汰鸡 300 万只，破损蛋深加工 1000 吨的生产能力。形成了鸡饲料加工、雏鸡培育育成、产蛋鸡饲养、鲜蛋分选包装、破损蛋加工、淘汰鸡屠宰、鸡粪发酵生产生物有机肥等环节完善的循环产业链。

目前，养鸡场建成全自动化育雏鸡舍 6 栋，可饲养 30 万只雏鸡，半自动化产蛋鸡舍 9 栋，可饲养蛋鸡 9 万只；全自动化产蛋鸡舍 4 栋，可饲养蛋鸡 20 万只。全自动设备采用广州广兴牧业有限公司生产的 4 层层叠式鸡笼，配套纵向通风湿帘降温系统，饮水、喂料等自动化工艺。现存栏产蛋鸡 29 万只，育雏、育成鸡 25 万只。采用两阶段全封闭饲养，单栋全进全出的饲养模式；产蛋期成活率 94.2%，77 周龄淘汰，料蛋比 2.20∶1。月生产销售鲜蛋 300 多吨。其中,实行订单销售，承担红寺堡和西吉县学生早餐营养蛋供应 150 多吨。银川各大超市销售 90 多吨，银川北环批发市场定点销售 60 多吨。蛋鸡养殖全部采取标准化规模养殖。公司自己加工饲料，饲料原料及添加剂等投入品可控性强，并且禁止使用动物源性饲料原料。生产的鲜蛋质量可靠，属清真产品，消费者认可度高，为丰富宁夏地区的"菜篮子"供应和推进自治区"学生营养早餐工程"发挥了积极作用。该企业 2010 年被农业部首批命名为"农业部蛋鸡标准化示范场"，并编入了全国《百例畜禽养殖标准化示范场》。是商务部确定的"农产品骨干流通企业"，自治区确定的"农业产业化龙头企业"，鲜蛋产品获得了国家"绿色食品"认证和自治区伊斯兰协会"清真食品"认证,创立的"塞上一宝"商标是宁夏著名商标，鲜蛋产品为宁夏名牌产品（图 4-16 ～图 4-19）。

图 4-16 墙体外加保温板

图 4-17 有机肥生产车间

图 4-18 采用空心砖作为湿帘

图 4-19 标准化产蛋鸡舍内景

（吴瑞芹）

第七节 三层阶梯式笼养传送带清粪技术

一、概 述

现代蛋鸡养殖方式主要是笼养，笼养的养殖方式主要有全阶梯、半阶梯（二者统称阶梯式笼养）及叠层笼养。叠层笼养根据鸡笼的层数，主要可以分为8层叠层笼养和4层叠层笼养，其清粪方式则是以传粪带方式进行的。阶梯式笼养根据笼子的层数主要可以分为2层和3层阶梯式笼养，其清粪方式主要以刮粪板方式进行清粪。而传粪带技术应用于阶梯式笼养在我国应用并不广泛。根据近两年部分鸡场对三层阶梯式笼养传送带清粪技术的应用效果来看，该技术在环境控制、自动化程度、节省人力等方面比刮粪板清粪技术有明显的优势，因此，向广大养殖户对该技术进行推广，以提高蛋鸡养殖的效率和效益。

二、特 点

该主推技术主要是关于三层阶梯式笼养传送带清粪技术。包括两个方面：即三层阶梯式笼具的建设和传送带清粪设施的建设。

（一）三层阶梯式笼具

该技术中三层阶梯式笼具的设计和建设与常规三层阶梯式笼具设计基本一致。

基本做法和特点如下：鸡笼设备是养鸡设备的主体。它的配置形式和结构参数决定了饲养密度，决定了对清粪、饮水、喂料等设备的选用要求和对环境控制设备的要求。阶梯式鸡笼设备按组合形式可分为全阶梯式、半阶梯式两种。按鸡的体重分为轻型阶梯式蛋鸡笼和中型阶梯式蛋鸡笼。

（1）全阶梯式鸡笼 全阶梯式鸡笼为2～3层，其优点是：①各层笼敞开面积大，通风好，光照均匀；②结构较简单，易维修；③机器故障或停电时便于人工操作。其缺点是饲养密度较低，每平方米10～12只。蛋鸡三层全阶梯鸡笼是我国目前采用最多的鸡笼组合形式。

（2）半阶梯式鸡笼 半阶梯鸡笼上下层之间部分重叠，上下层重叠部分有挡粪板，按一定角度安装，粪便滑入底层。其舍饲密度较全阶梯高，每平方米15～17只，但是比层叠式低。由于挡粪板的阻碍，通风效果比全阶梯稍差。

（3）我国目前生产的产蛋鸡笼 主要有饲养白壳蛋鸡的轻型蛋鸡笼和饲养褐壳蛋鸡的中型蛋鸡笼，另外有少量重型产蛋鸡笼用于饲养肉种鸡。轻型蛋鸡笼一般由4格组成一个单排笼，每格养鸡4只，单排笼长1875毫米，笼深325毫米，养鸡16只，平均每只鸡占笼底面积381平方厘米。中型蛋鸡笼由5格组成一个单笼，每格养鸡3只，单笼长1950毫米，笼深370毫米，养鸡15只，平均每只鸡占笼底面积481平方厘米。

（二）传送带清粪设施建设

该技术中的传粪带清粪设施建设与全层叠传粪带基本一致。禽舍内的清粪方式有人工清粪和机械清粪2种。机械清粪常用设备有刮板式清粪机、传粪带式清粪机和抽屉式清粪机。刮粪板式清粪机多用于阶梯式笼养和网上平养；传粪带式清粪机多用于叠层式笼养；

抽屉式清粪板多用于小型叠层式鸡笼。在本主推技术中将阶梯式笼养中的刮板式清粪机替换为传粪带式清粪机。

该技术中,三层阶梯笼的底层略微提高,将传粪带置于三层阶梯笼的底部(图4-20),传粪带下的地面不用做特殊处理,保持原有的平面即可。传粪带的宽度和长度根据笼具的尺寸而定,传粪带所用的材质均与传统传粪带一致。在鸡舍的末端可设置一个横向的传粪带,该传粪带的位置要略低于鸡笼下方的纵向传粪带,一般的做法是将横向传粪带置于鸡舍末端所挖掘的横向沟内(图4-21)。这样鸡粪可以由鸡笼下方的传粪带直接传到横向的传粪带中,再由横向传粪带传到舍外。此外,为了便于装卸,还可横向传粪带将鸡粪传出鸡舍后,再增加一套传粪系统,将粪便直接传到运输粪便的装备上(图4-22、图4-23)。

三、成　效

该技术的优缺点是相对于刮粪板清粪模式而言的。该技术的优点主要是:清粪比较干净,自动化程度更高,可将鸡粪直接传送到运粪车上,同时,对鸡舍内的环境控制比较好,鸡舍环境的改善,可以提高蛋鸡的生产性能和鸡蛋的品质,给养殖企业带来较好的效益。缺点是成本较刮粪板清粪模式稍高。

四、案　例

目前,该技术在我国南方和北方地区均有使用,但使用范围不是十分普遍,在北方,我们调研了农业部家禽品质监督检验测试中心(北京)的测定鸡舍,该中心养殖的蛋鸡品种种类较多,利用该技术,完全能够发挥各类蛋鸡品种的生产性能。此外,在我国贵州省的贵州柳江禽业有限公司的部分蛋鸡舍也采用了该技术,该技术对蛋鸡在南方的环境下也有很好的应用效果,对蛋鸡产蛋性能的发挥有很好的促进作用(图4-20～图4-23)。

图4-20　三层阶梯笼下的传粪带

图4-21　鸡舍末端的横向传粪带

图4-22　鸡舍外鸡粪传送系统
和鸡舍末端

图4-23　鸡舍外鸡粪传送系统的
横向传粪带的连接处　　　　(曲鲁江)

第八节 蛋鸡大规模网上平养技术

一、概述

欧美国家已广泛应用蛋鸡网上大规模全自动平养技术，该技术要求鸡舍选址离主干道和居民生活区及其他畜禽养殖区域 1 千米以上。单栋饲养规模在 5 万～10 万只。鸡舍采用全封闭负压通风全自动环境控制系统，通过对舍内温度、湿度的自动实时监测，在低温时通过自动调节加温系统进行升温，高温时通过自动调节湿帘、风机等工作状态实现降温。自动控制系统还自动控制鸡舍内通风和光照。网板的高度以便于鸡粪的传输清理系统和鸡蛋中央自动集蛋系统的设置为准，可以根据实际生产操作的需要进行设计。该技术采用自动链式送料、自动乳头式饮水、自动集蛋式蛋箱、自动传送带清粪。网上平养分两个阶段，即 0～18 周龄育雏育成阶段，19～72 周龄产蛋阶段。

（一）育雏育成阶段（0～18 周龄）

0～6 周龄的雏鸡，第一周室温要求达到 30～32℃，第二周是 29～30℃，其后根据具体情况，每周下降 2～3℃。在通风良好的条件下，最佳相对湿度可控制在 40%～72%。使用网上平养育雏时，网板的网目规格要求是（0.5～1.0）×（0.5～1.0）平方厘米。网上平养 0～6 周龄饲养密度为每平方米 13～15 只，7～18 周龄为每平方米 8～10 只。在密闭舍中采用恒定式光照制度，即雏鸡孵出后至 3 天或者至 1 周内为 23～24 小时，2～18 周龄恒定为 8～9 小时，其中，1 周内光照强度为 20 勒克斯（即每平方米 3～4 瓦），2～18 周龄为 5 勒克斯（即每平方米 2 瓦）。料盘和饮水器的位置要满足所有鸡能够同时采食和饮水的需要。

育成鸡的限饲：一是限制进食量（量的限制），量的限制可以采取多种方法，定量限饲、停喂结合，限制采食时间，一定时间停喂；二是限制日粮的营养水平（质的限制），限制营养水平是降低日粮中粗蛋白和代谢能的含量，同时，也要降低蛋白质和能量的比例，而日粮中其他微量元素必须保证，这样才不会影响骨骼肌肉的发育。限质后一般 7～14 周龄鸡的日粮中粗蛋白质为 15%，代谢能为每千克日粮 1149 千焦，15～18 周龄鸡的日粮中蛋白质为 12%，代谢能为每千克日粮 1286 千焦。限饲前，应挑出病鸡和弱鸡，避免增加限饲时的死亡数；备有充足的水槽、食槽，撒料要均匀，使每只鸡都有一个槽位，使鸡吃料同步化；每 1～2 周（一般隔周称重 1 次）在固定的时间随机抽出鸡群的 2%～5% 进行空腹称重，如体重超过标准重的 1%，则在最近 3 周内总共减去实数 1% 的饲料量，体重低于标准重 1% 则增料 1%；如遇鸡群发病或处于应激状态，应停止限饲改为自由采食。限饲从 8～12 周龄开始，至 18 周龄转群前结束。限饲过程中，饲料营养水平和喂料量应根据体重、发育情况进行调整。18 周龄应将育成鸡转入产蛋舍，注意转群前 6 小时应停料，转前 3 天和入舍后 3 天，在饮水中添加正常量 1～2 倍的维生素，并加饮电解质溶液，以减轻转群带来的应激反应。转群当天连续 24 小时光照，保证采食和饮水。减少其他方面

的应激，减小两舍的温差，不同时进行断喙、预防注射等工作，采用过渡性换料，同时供给充足的饲料和饮水。转群的同时可以选择并淘汰病鸡、弱鸡、体重过轻、发育不良的鸡，防止其转入产蛋鸡舍。

（二）产蛋阶段（18 ～ 72 周龄）

产蛋鸡的适宜温度范围是 13 ～ 25℃。网上平养密度以每平方米 8 ～ 10 只以下为宜。从 20 周龄开始，每周延长光照 0.5 小时，使产蛋期的光照时间逐渐增加至 14 ～ 16 小时，然后稳定在这一水平上，一直到产蛋结束。在全密闭鸡舍完全采用人工光照的鸡群，可从早 4 点开始光照至 20 ～ 21 点结束。按照所饲养品种产蛋阶段的营养需要配制日粮。采用乳头式饮水线，每个饮水器喂 10 只鸡左右；自动盘式喂料，不限料，每个料盘喂 45 只鸡左右。禁止产蛋鸡在产蛋箱过夜，晚上熄灯前将产蛋箱关闭，早上开灯前开启产蛋箱。洁净、无尘、干燥的疏松材料都可用做产蛋箱的垫料。在鸡群开产前 1 周要打开产蛋箱，并铺上垫料，让母鸡逐渐熟悉产蛋箱。要对产蛋箱进行遮光使箱内幽暗，产蛋箱每平方米 120 只鸡。

集蛋系统包括产蛋箱、中央输送系统和包装机。鸡蛋由各纵向排列的产蛋箱输送带传送至横向的中央输送系统，最后传送至自动包装机进行装盘。自动清粪系统由纵向鸡粪收集清粪带及末端的横向传送带组成。在各养殖单元的塑料网板下安装纵向的鸡粪收集传送带，定期将鸡粪传送至末端的横向传送带，再由横向输送到封闭的厢式货车运至有机肥处理厂。

二、特 点

蛋鸡全封闭大规模网上全自动平养技术有如下几个特点：第一，蛋鸡处在最佳的温度、湿度和通风等环境条件下，全封闭，防疫隔离条件好，为蛋鸡提供了最佳的生物安全条件，使其能够充分发挥产蛋遗传潜能，呈现最佳的生产性能。第二，通过全自动送料、送水、集蛋和清粪，节省大量劳动力资源，适应国内日趋紧张的劳动力供给状况。第三，该技术满足蛋鸡在地面自由活动，符合动物福利的要求。第四，鸡蛋从鸡舍直接通过自动集蛋系统收集、装盘，最大限度的减少了转运过程中的破损。第五，粪便自动清理收集制成有机肥，最大限度减少大规模蛋鸡饲养带来的环保压力，使鸡粪得到资源化利用。

三、成 效

采用该技术饲养蛋鸡，可以让蛋鸡在最舒适的环境条件下稳定发挥遗传潜能，实现动物福利，每只鸡 72 周龄可产蛋 21 千克，比目前传统笼养条件下的 15 千克提高 40%，死淘率比传统条件下降低 10% ～ 15%，也大大减少饲料浪费，实现鸡蛋生产全过程的质量安全控制。同时，该技术大大节省劳动力，10 万只蛋鸡仅需 2 ～ 3 个工人，仅为传统笼养或平养的 10%。经济、社会和生态效益都十分可观。

四、案例

福建省永春县阳升禽畜有限公司 2010 年采用国际蛋鸡福利养殖理念，引进欧美等国家的大规摸全自动饲养设备，其中，包括以色列的集温控、通风等为一体的远程环境自动控制系统，美国及意大利的自动给料、给水的喂养系统，荷兰的全自动化的产蛋箱、中央集蛋、传送以及鸡蛋喷码、包装系统等世界最先进的设施，建成单栋 10 万只规模的全密闭蛋鸡网上全自动平养鸡场，全场做到生产全过程远程全自动化控制与实时环境监测。

10 万只规模的蛋鸡场全栋鸡舍长 132 米、宽 85 米，总面积 11220 平方米，采用全封闭、7 连栋设计，鸡舍为钢保温板结构。配套建设了钢保温板结构仓库 410 平方米，建有入场车辆自动高压清洗消毒池、人员自动消毒喷淋系统、消毒更衣室，并配备了专业消毒设备，设有专门的兽医化验室。目前，蛋鸡在该饲养环境中性能非常稳定。

该场配套建设了粪便生物发酵有机肥厂，利用鸡粪发酵过程中生物菌分解作用产生的高温杀菌除臭，将鸡粪变成优质有机肥料。该场建设有病死鸡化尸池，对所有病死鸡进行无害化处理，实现了蛋鸡生产"零"排放（图 4-24 ～图 4-27）。

图 4-24 10 万只规模七连栋
全封闭网上平养鸡舍

图 4-25 蛋鸡舍内
7 连栋之一内景

图 4-26 产蛋箱

图 4-27 人员入场冲洗消毒设施

（江宵兵）

第九节 华南丘陵地区开放式蛋鸡舍建设模式技术

一、概 述

我国南方广大地区，夏季气温高，持续时间长，属于湿热性气候。7月份平均气温为28～31℃，最高气温达30～39℃，日平均温度高于25℃的天数，每年约有75～175天。盛夏酷暑太阳辐射强度高达每平方米390～1047瓦。据资料分析，南方开放式鸡舍在酷热期间，饲料耗量下降15%～20%，产蛋率下降15%～25%，而耗水量却上升50%～100%，同时各种疾病的抵抗能力也下降。如何克服夏季高温对鸡只生产的影响一直是南方高密度养鸡的一大技术难题。在夏天，当舍内温度较高时，鸡舍通风是实现鸡舍内降温的有效途径，在通风降温的同时，可排出舍内的潮气及 CO_2、NH_3、H_2S 等有害气体，也可将鸡舍内的粉屑、尘埃、菌体等有害微生物排出舍外，对净化舍内空气，起到了有利作用。

当前在推动蛋鸡标准化养殖的过程中，多数从业者倾向采用纵向通风 - 水帘降温的机械通风方式，这种方式已被证明是南方炎热地区夏季降低舍内温度的有效方式。但机械通风耗能大，生产成本相对较高。实际上如果能充分利用地形地貌，因地制宜，巧妙规划设计开放式鸡舍的自然通风，则可充分利用自然热压与风压，从而大大节约机械通风所需的能源，极为经济。基于良好的生产管理，自然通风鸡舍同样能取得良好的生产成绩。

（一）鸡场的选址

场地选择是否得当，关系到卫生防疫、鸡只的生长以及饲养人员的工作效率，关系到养鸡的成败和效益。场地选择要考虑综合性因素，如面积、地势、土壤、朝向、交通、水源、电源、防疫条件、自然灾害及经济环境等，一般场地选择要遵循如下几项原则。

（1）有利于防疫 养鸡场地不宜选择在人烟稠密的居民住宅区或工厂集中地，不宜选择在交通来往频繁的地方，不宜选择在畜禽贸易场所附近；宜选择在较偏远而车辆又能达到的地方。这样的地方不易受疫病传染，有利于防疫。

（2）场地宜在高燥、干爽、排水良好的地方 鸡舍应当选择地势高燥、向阳的地方，避免建在低洼潮湿的水田、平地及谷底。鸡舍的地面要平坦而稍有坡度，以便排水，防止积水和泥泞。地形要开阔整齐，场地不要过于狭长或边角太多，交通水电便利，远离村庄及污染源。

在山地丘陵地区，一般宜选择南坡，倾斜度在20度角以下。这样的地方便于排水和接纳阳光，冬暖夏凉。而本技术的关键之一是因地制宜，充分利用丘陵地区的自然地形地貌，如利用林带树木、山岭、沟渠等作为场界的天然屏障，将鸡舍建在山顶，达到防暑降温的目的。

（3）场地内要有遮阴 场地内宜有竹木、绿树遮阴。

（4）场地要有水源和电源 鸡场需要用水和用电，故必须要有水源和电源。水源最好为自来水，如无自来水，则要选在地下水资源丰富、适合于打井的地方，而且水质要符合人饮用的卫生要求。

（5）**应选在村庄居民点的下风处，地势低于居民点** 但要离开居民点污水进出口，不应选在化工厂，屠宰场等容易造成环境污染企业的下风处或附近。

（6）**要远离主要交通要道（如铁路、国道）和村庄** 至少300～500米，要和一般道路相隔100～200米距离。

（二）鸡舍的建筑标准

（1）**鸡舍规格** 应建成高2.4米（即檐口到地面高度），宽8～12米以下，长度依地形和饲养规模而定。每4米要求对开2个地脚窗，其大小为35厘米×36厘米。鸡舍不能建成有转弯角度。鸡舍周围矮场护栏采用扁砖砌成，要求砌40～50厘米（即4～5个侧砖高），不适宜过高，导致通风不良。四周矮墙以上部分的塑料卷帘或彩条布要分两层设置，即上层占1/3宽，下层占2/3宽或设计成由上向下放的形式，以便采用多种方式进行通风透气及遮挡风雨。一幢鸡舍间每12米要开设瓦面排气窗一个，规格为1.5米×1.5米，高30厘米，排气窗瓦面与鸡舍瓦面抛接位要有40厘米。

（2）**鸡舍朝向** 正确的鸡舍朝向不仅有助于舍内自然通风、调节舍温，而且能使整体布局紧凑，节约土地面积。鸡舍朝向主要依据当地的太阳辐射和主导风向这两个因素加以确定。

① 我国大多数地区夏季日辐射总量东西向远大于南北向；冬季则为南向最大，北向最小。因此从防寒、防暑考虑，鸡舍朝向以坐北朝南偏东或偏西45度以内为宜。

② 根据通风确定鸡舍朝向，若鸡舍纵墙与冬季主风向垂直，对保温不利；若鸡舍纵墙与夏季主风向垂直，舍内通风不均匀。因此从保证自然通风的角度考虑，鸡舍的适宜朝向应与主风向成30～45度角。

（3）**鸡舍的排列** 场内鸡舍一般要求横向成行，纵向成列。尽量将建筑物排成方形，避免排成狭长而造成饲料、粪污运输距离加大，管理和工作不便。一般选择单列式排列。

（三）材料选择及建筑要求

① 鸡舍使用砖瓦结构，支柱不能用竹、木，必须用水泥柱或扁三余砖柱。

② 地面用水泥铺设。在铺水泥地面之前采用薄膜纸过底。水泥厚4～5厘米，舍内地面要比舍外地面高30厘米左右。

③ 鸡舍四周矮墙以上部分的薄膜纸或彩条布要分两层设置，即上层占1/3宽，下层占2/3宽或设计成由上向下放的形式，以便采用多种方式进行通风透气及遮挡风雨。

④ 鸡舍屋顶最低要求采用石棉瓦盖成，最好采用锌条瓦加泡沫隔热层，不得采用沥青纸。

二、特 点

充分利用了华南地区丘陵地形地貌，因地制宜，巧妙规划设计开放式鸡舍的自然通风，从而大大节约机械通风所需的能源，极为经济。

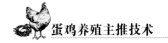

三、成　效

　　巧妙利用丘陵地区的地形地貌设计建造的开放式鸡舍饲养蛋鸡（如罗曼纷壳蛋鸡），在良好的生产管理条件下，产蛋高峰期产蛋率可达 97%，其中，90% 以上产蛋率可维持 6～8 个月。相对于纵向通风－水帘降温的密闭式鸡舍，开放式鸡舍最大的优势是大大降低了能源成本；此外，它还具有如下优点：①鸡只能充分适应自然条件，获得性的抗逆性较强，可延长产蛋期，产蛋期死亡率较低；②由于鸡只适应自然环境变化，淘汰鸡在抓鸡、运输等过程中的应激适应性强，死亡率低，深受淘汰鸡销售客户的欢迎。在广东地区开放式鸡舍养殖的蛋鸡其淘汰鸡出场价每 500 克比密闭式鸡舍的鸡只高 1.0 元以上。

四、案　例

　　广东省高州杨氏农业有限公司以经营蛋鸡为主，兼营鱼、果等，现为华南第一大蛋鸡养殖场。现有附属鸡场 10 个，存栏蛋鸡 120 万只。高州市位于广东省西南部丘陵山区，地处热带和亚热带的过渡带，属南亚热带季风气候，光照充足，热量丰富。年平均气温为 22.8℃，最高温度为 37.6℃，最低温度零下 1.5℃。1 月平均气温为 15.1℃，7 月平均气温为 28.4℃，年温差明显，为 13.3℃左右，具有较为典型的华南气候和地形地貌特点。该公司的全部产蛋鸡舍均为建于山顶的开放式鸡舍，饲养罗曼粉蛋鸡，正常情况下产蛋高峰达 95%～96%，90% 以上产蛋率可以维持 6～8 个月，料蛋比（2.1～2.2）∶1。其蛋鸡饲养周期达 650 天，每只产蛋量 24 千克。由于采用了自然通风，其 120 万存栏的蛋鸡生产全年用电开支仅为 180 万元左右，据测算较机械通风全年节省电费开支达 500 万元以上（图 4-28～图 4-31）。

图 4-28 错落有致的开放式鸡舍　　　　图 4-29 分区建设

图 4-30 开放式鸡舍内景 1　　　　图 4-31 开放式鸡舍内景 2　　（罗庆斌）

第十节 南方丘陵地区规模化鸡场设计

一、概 述

（一）我国蛋鸡产业发展迅速

我国是世界鸡蛋主要消费国之一，根据我国国家统计局发表的数据，2008 年我国商品蛋鸡存栏 16 亿只，养鸡场、养殖户近 78 万个，鲜蛋产量为 2700 万吨，全国人年平均消费鸡蛋 19.8 千克，鸡蛋需求量还在不断扩大。同时，由于我国蛋鸡养殖技术水平的提高，绿色品牌鸡蛋比例不断提升，间接加快了蛋鸡产业的发展。

（二）南方气候资源条件独特

南方丘陵山地，地处热带、亚热带范围，由于地形的影响，形成了多种气候环境和丰富多样的气候资源。我国南方丘陵地区气候温暖、日照充足、雨量充沛、生态优良，南方地区的气候特征是夏季高温多雨，冬季温和湿润。近年来，随着温室效应的影响，我国南方地区每年约有 4～5 个月的高温高湿季节，成为畜禽养殖场集约化、规模化、效益化饲养无法避免的制约因素。在高温高湿环境下，鸡群出现产蛋量下降、蛋重变轻、蛋壳变薄、死亡增多。生产实践表明，由于持续高温引起畜禽抵抗力下降，抗病力减弱，造成疫病多发。

（三）南方丘陵地区地势条件独特

南方地区地形以丘陵、低山为主，贫瘠的酸红壤广布；地势高低起伏，耕地狭小，在土地资源日趋匮乏的今天，对蛋鸡规模化生产的布局设计提出了更高要求。此外，在南方丘陵区域，由于乱砍滥伐，极容易导致森林植被的破坏，使雨水失去涵养中心，水土流失严重，容易导致山体滑坡，给蛋鸡生产造成毁灭性打击。

（四）南方丘陵区域蛋鸡产业发展水平加快

1. 集约化生产水平提升

我国蛋鸡生产经历了 3 个阶段的转型。第一阶段为 20 世纪 50～60 年代，主要是散养鸡；第二阶段为 70～80 年代中期，主要是国营、集体工厂化养鸡，一般在 10 万～50 万只；第三阶段为 80 年代末到 90 年代，主要是公司加专业户养鸡到基地农户养鸡，一般在 2000～10000 只的规模；20 世纪 90 年代末，由于劳动力市场短缺，对集约化生产提出了更高要求，促进了集约化饲养的发展。

2. 蛋鸡由数量型转为质量型

我国鸡蛋市场由 20 世纪 70～80 年代末单纯追求数量，到 90 年代追求质量数量并重，再到 21 世纪初重点追求质量，精品、极品开始进入市场，即土鸡蛋、仿土鸡蛋、绿色或者无公害鸡蛋进入市场。目前，大中型超市的上市鲜蛋是以通过无公害和绿色论证为主的鸡蛋，占超市鲜蛋产品的 80% 以上，而且产品包装及企业信息均比较规范，满足了城市居

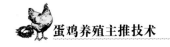

民的消费需求。土鸡蛋限于生产规模的影响，交易量仍然偏低，以作为馈送礼品居多。

3. 蛋鸡产区的转移为南方蛋鸡产业带来机遇

21世纪由于大中城市的扩张，以大中城市为主体的土地资源越来越紧张，在20世纪70~80年代兴起的大中城市周边工厂化蛋鸡生产失去养殖优势，一些发达城市的蛋鸡生产向周边省市转移，为南方蛋鸡产业发展提供了机遇。

4. 集约化养殖的设施设备提出了更高要求

我国已经历了工厂化、半工厂化、人工笼养蛋鸡的过程，已经积累了正反两方面的丰富经验和教训，目前，正在向全方位现代化跟入，主要体现在选择无污染的场地，全密闭式饲养，采用优良杂交配套品种，严格的防疫卫生制度，优质品牌饲料，科学的管理水平等方面，所有这些条件的变化，对南方规模化鸡场的设施生产提出了更高要求。

5. 南方规模化鸡场布局设计存在的问题

我国幅员辽阔、地域宽广，各地由于地域条件的限制，导致蛋鸡生产水平参差不齐，尤其是南方丘林地区，地势不平整，影响鸡场整体布局。非常需要解决高温、高湿等不利因素对蛋鸡生产的影响，探索出效果好、操作性强、适合南方丘陵区域蛋鸡舍的生态化栏舍对促进南方蛋鸡产业发展具有深远的意义。

二、特 点

（一）建场基本要求

（1）**地形地势** 蛋鸡场应建在地势高燥向阳的地方，地形开阔，通风良好，南向或偏东南向。地面平坦或稍有坡度，尤其要注意能够防止山洪暴发。

（2）**气候环境** 环境安静，具备绿化、美化条件。无噪声干扰或干扰轻，无污染。

（3）**卫生防疫** 场址应远离居民区，便于采取足够的卫生防疫措施，场址选择不得成为周围社会环境的污染源。

（二）鸡场规划布局

（1）**场区生活区、管理区和生产区严格分开** 生活区、管理区在全场的上风处和地势最高地段，生产区在防疫卫生最安全地段。病死鸡和污物处理区设在下风处和地势最低的地段。

（2）**生产区与另两区之间设置严格的隔离设施** 包括隔离栏、车辆消毒房、人员更衣及消毒房等。生活区与管理区之间应建绿色隔离带。

（3）**生产区内净道、污道分开** 两道分别设置在鸡舍的工作间和排风口两侧。

（三）规模化鸡舍建筑设计要求

（1）**鸡舍面积和容量** 鸡舍可设计为宽10~12米，长40~65米，笼养蛋鸡5000~10000只。

（2）**建筑材料选择** 建筑材料要求导热系数小、蓄热系数大、容重小，具有较好的防火和抗冻性，吸水、吸温性强，耐水性强。

（3）**门、窗和通气孔** 鸡舍应设有净门和污门。有窗鸡舍的窗户应可以确保鸡舍的自然通风。通气口的设计依通气方式不同，自然通风方式的，应在鸡舍纵向墙壁的顶部均匀地设一排通风口。采用机械通风方式的，对称地设进气口和排气口。

（4）**屋顶和天棚** 要求保温、隔热、防水、坚固、重量小。鸡舍应尽可能设天棚，使屋顶和天棚间形成顶室。

三、成 效

（一）可以改善蛋鸡舍环境

可以保证舍内通风良好，避免鸡舍内温、湿度高和饲养密度大时，因垫料与鸡粪积聚导致舍内空气中所含的二氧化碳、垫料与鸡粪腐烂分解出的氨气和硫化氢等有害气体的浓度增高。同时由于风机、水帘以及隔热板降温的措施可以有效改善鸡舍内环境。

（二）有利于控制鸡舍温湿度

蛋鸡生产的适宜温度为 18 ～ 23℃，良好的设计有利于做好夏季降温和冬季保温工作。

在夏季要运用水帘降温与风速降温二者有机的结合，采用合理的降温手段；冬季，通过调节风机的开启，来达到保温的目的。鸡舍的空气相对湿度可以有效控制在 60% ～ 70% 这个范围。

（三）有利于夏季防暑降温

当相对湿度在 50% 以下，温度在 30℃ 以下时，可以采用提高风速来降低温度，以及在舍内的地面喷水或在通风口建一水帘达到降低温度的目的；高温、高湿天气（高于 33℃ 及相对湿度超过 80%），不使用湿帘且打开所有进风口，以最大通风量通风均可以取得良好的降温效果。

（四）有利于冬季保温

一般来说，冬季蛋鸡舍的温度应在 13℃ 以上，冬季鸡舍以保温为主，适当的通风以降低舍内有害气体含量。产蛋高峰的鸡对外界环境变化比较敏感，这时晚上减小通风量，通风小窗留一大约 3 厘米宽的小缝，这样做可以提高鸡舍内温度，减小昼夜温差。

四、案 例

江西省德安敷阳综合养殖公司创办于 2001 年，公司座落在德安县境内的望夫山下，地处鄱阳湖岸边的丘陵地带，地理环境优美，气候宜人。

公司是集蛋鸡养殖、鸡粪有机肥生产加工为一体的综合性企业，拥有产蛋鸡舍7000 平方米，后备鸡舍 2000 平方米，总建筑面积 12000 平方米。喂料、清粪、集蛋与鸡舍通风实现电机自动化。蛋鸡存栏总量近 20 万只，其中，产蛋鸡近 13 万只。场区布局合理，按功能分为生活区、办公区、生产区，各区完全分开。生产区分为育雏育成区与产蛋

区，各区净、污道分开。鸡舍为全封闭式全自动笼养，育雏育成舍为 4 层重叠式笼养，成鸡舍为 6 层层叠式笼养；采用全自动化喂料系统；采用高质量锤式乳头饮水器，饮水乳头下配一根 V 形接水槽，避免了乳头漏水；自动化湿帘降温、纵向通风；采用全自动集蛋线和成套鸡蛋分拣设备。两阶段单栋全进全出养殖模式，商品蛋鸡（罗曼鸡粉壳系），平均产蛋率 85% 以上，平均蛋重 58.6 克，全程成活率 92% 以上，料蛋比 2.15∶1。

公司生产的"万家岭"牌鲜鸡蛋 2009 年 6 月获得国家农业部中国绿色食品发展中心 A 级绿色食品认证，为 2010 年至 2012 年农业部蛋鸡标准化示范场（图 4-32～图 4-39）。

图 4-32 鸡舍环境自动控制系统

图 4-33 自动喂料

图 4-34 自动喂料

图 4-35 鸡粪处理

图 4-36 自动清粪

图 4-37 纵向通风换气

图 4-38 自动集蛋

图 4-39 贮料塔

（韦启鹏）

第五章　洁蛋与蛋品加工、疫病防控及废弃物无害化处理技术

第一节　商品代蛋鸡综合免疫技术

一、概　述

（一）建立良好非特异性免疫

1. 保持良好环境

良好环境是鸡只健康的必要条件之一。如温差不能过大，育雏时 2 小时内温差以 2℃ 左右为宜；湿度小于 40%、灰尘过多、氨气浓度大于每立方米 $2×10^{-5}$ 毫克时易损伤呼吸道黏膜等。

2. 提供全面营养，增强体质

供给家禽营养全面的日粮，避免鸡群营养不良或患有慢性营养消耗性疾病所导致的免疫反应低下。免疫接种前后应加大维生素 A、维生素 E、维生素 C 等的添加量。饲料中添加中草药黄芪、柴胡、何首乌等也可增强鸡体自身抵抗力。

3. 消灭寄生虫

寄生虫能破坏皮肤黏膜的完整性并产生毒素，所以，应定期驱除体内外寄生虫。夏秋季还要防止蚊虫叮咬。

（二）科学使用疫苗，强化特异性免疫

1. 制定科学的免疫程序

免疫程序需要考虑当地疾病流行情况和本场鸡群实际状况，并据此确定选用疫苗的种类、免疫剂量、免疫时间、免疫方法。

2. 选择合适的疫苗

选择国家定点生产厂家生产的优质疫苗，接种前应对疫苗逐瓶检查，注意有无破损、瓶内是否真空、有效期等。疫苗种类多，选用还应考虑当地疫情、毒株特点。

3. 选择最佳免疫时机

原则上应严格执行既定的免疫程序，但也必须考虑当前实际情况。免疫前应进行抗体监测，免疫时应确保鸡群健康。对机体刺激性大的疫苗接种时还应考虑天气状况，尤其是开放或半开放式鸡舍更应重视，恶劣天气不宜进行疫苗免疫。另外，还应根据鸡的不同生理阶段特点确定免疫时间，如产蛋鸡油苗免疫应选择在 16 点以后注射，应激小。

4. 做好充分准备

加强饲养管理，在免疫前后24小时内应尽量避免应激，如变料型、转群等。接种前（后）48小时补充抗应激制剂（如优质多维和电解质），以缓解应激和促进抗体的产生。产蛋前免疫应在前1周进行驱虫，免疫效果会更好。合理选用左旋咪唑、黄芪多糖等免疫促进剂，增强免疫效果。对易引起呼吸道病的疫苗，如传染性喉气管炎疫苗、支原体活苗等接种前最好进行支原体药物净化。

5. 正确的免疫操作

（1）注射法 临床上主要用于灭活苗的免疫。针头大小、长度按家禽日龄大小来定。若是油乳剂苗，则注射前要用38～40℃水预温至30℃以上，使用前摇匀。

颈部皮下注射 注射时用拇指和食指把鸡颈背侧下1/3处皮肤捏起使皮肤与颈部肌肉分离后，针头以小于30度角度朝尾部方向注射到拇指与食指之间的皮下。

浅层胸肌注射 正确的注射部位是在胸肌上1/3处，龙骨的两侧，浅层胸肌与深层胸肌之间。针头与注射部位成30度角，朝背部方向刺入胸肌，不能垂直刺入。

（2）滴入法 包括滴鼻、点眼、滴口等。主要是适用于活疫苗免疫，如新城疫、传染性支气管炎、支原体等活疫苗。注意疫苗要现配现用，最好在1小时内用完。

滴鼻、点眼免疫 为确保免疫效果，建议单侧鼻与眼各1滴。免疫者保持滴瓶口向下，并与鸡眼、鼻部垂直，滴头距眼、鼻部高度1～1.5厘米滴入。待疫苗溶液吸入鼻孔、在眼球周围消失方可将鸡轻轻松开。

滴口免疫法 持瓶方法同滴鼻、点眼法，用大拇指、食指将鸡嘴捻开，注入口中适当剂量即可。建议法氏囊活疫苗用此法。

（3）喷雾接种法 为防止不良反应，建议12周龄以后使用。要求舍温15～25℃，湿度为70%，空气清新。疫苗剂量是滴眼的1.5倍，稀释用水选择蒸馏水或桶装矿泉水。一般要求在鸡上方40～70厘米高度喷雾，让雾滴自然落下，雾滴大小5～50微米，日龄越大雾滴越小。在喷雾免疫前要关闭门窗及风机，喷雾结束15分钟后再通风。掌握好喷雾量及行进速度，争取整栋鸡舍喷雾免疫一气呵成，同时做好人员防护。

（4）翅内刺种法 主要用于鸡痘苗免疫，用接种针饱蘸疫苗，在鸡翅膀内侧无血管处刺透，3天后检查刺种部位，若有小肿块或红斑则表示接种成功，否则需重新刺种。

（三）防止免疫抑制

做好马立克、法氏囊病疫苗，并在育雏前10天严格隔离、消毒。选用SPF疫苗，防止疫苗污染。另外特别注意霉菌毒素造成的免疫抑制。

二、特 点

鸡体免疫共有3道防线：第一道防线是由皮肤和黏膜构成的，他们不仅能够阻挡病原体侵入，而且它们的分泌物还有一定的杀菌作用。第二道防线是体液中的杀菌物质和吞噬细胞，这两道防线对大多病原体都有防御作用，因此，叫做非特异性免疫。第三道防线是特异性免疫，则主要由疫苗作用于免疫器官和免疫细胞，产生特异性抗体而建立起来的后

天防御功能。本技术主要从以上 3 个方面入手，较全面、系统地介绍了现代蛋鸡综合免疫技术。紧紧围绕科学免疫、提高鸡体抵抗力这个中心，不但强调特异性免疫，同时也注重饲养管理、环境控制、饲料营养等对非特异性免疫的影响。从细节上下功夫，介绍了在生产实践中疫苗免疫主要方式及正确操作方法，避免免疫过程中造成的鸡只应激、生产性能下降甚至发病等情况的发生。现代蛋鸡集约化程度越来越高，推荐产蛋期间新城疫、传染性支气管炎等活苗用喷雾免疫法，以减轻劳动强度、提高免疫效果。对某些特殊疫病的疫苗，重点强调了免疫注意事项，防止造成免疫失败或破坏免疫器官引起免疫抑制。根据当前疫病流行状况，免疫中也特别考虑了免疫抑制问题，对引起免疫抑制的因素进行了介绍与分析，并提出了解决方案。本文未对其他生物安全措施进行介绍，实际生产中各种措施应相互配合、相辅相成。

三、成 效

目前，我国蛋鸡业仍存在着饲养管理不规范、疫病控制能力不强等诸多问题。养禽业多种生产方式并存，养殖水平参差不齐，养殖大环境较差，极易造成疫病流行。对于大型蛋鸡场，虽然设施、设备先进，防疫条件好、养殖水平高，但受外周养殖环境影响，仍存在病毒侵入的风险，如遇重大疫病，损失往往也是巨大的。所以，就当前养殖环境而言，做好免疫工作是养殖成功的关键措施。做好免疫不但可以避免疫病的发生，而且能充分发挥蛋鸡的遗传潜力，如新城疫、禽流感的 HI 抗体滴度大于 8 时，才能使蛋鸡正常发挥生产性能。而确保蛋鸡增强自身体质、产生有效而足够高的抗体水平，必须采取科学的综合免疫措施。调研发现，很多鸡场结构性的防疫措施做得很好，但鸡群仍频繁发生疫情，大型鸡场一般先是一栋鸡舍发病，然后很快呈中间开花之势，损失很大。究其原因，主要是免疫细节上出现漏洞，表现在工人操作错误或不认真、疫苗使用不全理、片面认为疫苗万能等方面。通过现场指导、技术培训等方式推广本技术，取得了明显成效，使养鸡场工人改变了老观念、掌握了正确操作方法，鸡群发病率显著降低。有的鸡场虽然发病，但经过治疗很快恢复，损失轻微。说明综合免疫技术只要执行得好，将为鸡只提供有效保护。

四、案 例

吴先生的蛋鸡场位于辽宁省辽阳市西郊，是一个具有近 30 年历史的老鸡场，鸡舍保温隔热性能好，但设备陈旧，通风系统性能较差。2005 年前，一直采用每笼 4 只的笼养方式，鸡舍能容 2 万只产蛋鸡，鸡场生产状况一直比较稳定，虽然鸡生产性能不是太理想，但一直没有大的疫情发生。2006 年开始，受外周养殖大环境影响，养鸡场一直受疫病困扰，鸡群长期处于亚健康状态，严重影响鸡生产性能发挥，药物用量也显著增加，成本加大，效益下滑。吴先生决心从自身入手，从提高鸡自身抵抗力这个内因寻求解决办法。2009 年开始，为搞好养殖小环境的调控，为鸡只提供一个适宜的生活环境，吴先生更新了通风设备；增添了防灰尘的自动上料系统；对养殖密度也做了调整，由每笼 4 只改为 3 只；与就近的饲料厂合作定制饲料，对质量严格把关，保证不受霉菌等污染。采用主推免疫技术，严格按操作规程进行免疫，对重要疫苗免疫，吴先生夫妇亲自操作，做到不漏免、定期检，同时积极配合其他生物安全措施。通过综合防疫措施，取得了可喜成效。从 2009 年开始，在外周疫病严重流行的大环境下，吴先生的养鸡场连续 4 年无大疫，鸡群健康状况好，产蛋率高，取得了良好的经济效益（图 5-1～图 5-7）。

图 5-1 鸡蛋贮存

图 5-2 疫苗刺种

图 5-3 滴鼻点眼

图 5-4 滴入法

图 5-5 皮下注射

图 5-6 鸡场内部

图 5-7 鸡场内部

（周孝峰）

第二节　蛋鸡场生物安全控制规程与技术

家禽疾病的防控是一个复杂的系统工程。应从疾病发生源头着眼严格把好可能造成疾病传播的每一环节。在空间上重视从外部环境的影响，在整个生产系统中关注各部分的联系，在时间上将最佳的饲养管理条件和传染病综合防制措施贯彻于动物养殖生产的全过程，强调了不同生产环节之间的联系及其对动物健康的影响。

一、可靠的隔离措施

隔离措施就是将易感动物与传染来源彻底隔绝。在养鸡场也就是让鸡群远离传染来源的措施。防止疫病传入养鸡场，在鸡场内部阻止疾病在鸡群间的传播，这是疾病控制的第一道防线。

（一）鸡场的场址的选择

应远离其他养禽场、孵化厂、禽类屠宰厂、畜产品加工厂 10 千米以上。化工厂 5 千米、村庄和主要交通干道 3 千米。

（二）鸡场的设置

原种场、种鸡场、商品厂、孵化厂必须分开设置。

（三）鸡群的饲养

不同生产阶段的鸡群最好分别设场（育雏、育成、产蛋、种鸡），如无条件也至少间隔要在 300 米以上。

（四）场内建筑的分区

场区应设有生产区、办公区、生活区、辅助生产区、粪便及废弃物处理区。应按从净区向污染区不可逆走向的要求进行布局。

①　建筑设施按生活管理区、生产区和隔离区布置。各功能区界限分明，联系方便。生活区与与产区间要设大门、消毒池和消毒室。

②　生活管理区设在场区常年主导风向上风处及地势较高处，主要包括生活设施、办公设施及与外界接触密切的生产辅助设施，设主大门，并设消毒池。

③　生产区主要包括育雏区、育成区和产蛋区，在不同区内建设育雏舍、育成舍和产蛋舍。各区间的距离在 300 米以上，各区内鸡舍间的距离以五个鸡舍高度计算（20～30 米）。

④　隔离区设在场区下风向处及地势较低处，主要包括兽医室、隔离鸡舍等。

⑤　鸡舍设后门，与污道相接。

⑥　道路与外界接触要有专门道路相通。场区内设净道和污道，两者严格分开，不得交叉、混用。净道路面宽度大于 3.5 米，转弯半径大于 8 米。

⑦ 场区绿化要结合区与区之间、舍与舍之间的距离、遮荫及防风等需要进行。可根据当地实际，种植能美化环境、净化空气的树种和花草，不宜种植有毒、飞絮的植物。

⑧ 鸡场周围应建围墙和防疫沟，以防闲散人员和其他动物随意进入。

⑨ 养鸡场大门、生产区入口要建一宽同门口，长于汽车轮一周半的消毒池。

⑩ 鸡场饲养的种鸡或商品鸡必须从经畜牧主管部门验收合格并具有种鸡生产许可证的种鸡场引种。

⑪ 重视孵化厂的隔离、防疫和卫生。注意种蛋来源与消毒，原则要求每个孵化厂只孵化同一种鸡场的种蛋。

⑫ 不同日龄的鸡群应分舍饲养，不得混养。

⑬ 实行整场或整舍的"全进全出"制。

⑭ 每栋鸡舍用后应保留 3 ~ 4 周的空舍时间。

⑮ 饲料加工厂的饲料加工和运输要成为防疫的重点，把住病从口入这一关。

⑯ 兽医室、病理解剖室、病死鸡焚烧炉和粪便处理场应设在距鸡舍外 200 米的下风头。粪便要在场外进行发酵处理。

⑰ 防止其他禽类、家畜及啮齿类动物进入鸡舍。

⑱ 养鸡工作人员必须经更衣、淋浴洗澡、更换舍内工作服和可消毒工作鞋后方可进入鸡场。

⑲ 鸡舍工具专用，不得带出鸡舍或舍间串用。

⑳ 进入鸡场车辆人员必须严格消毒和控制。

㉑ 鸡场使用的蛋托、蛋箱及其他包装物不能反复使用和鸡场间串用。

㉒ 养鸡场一般应谢绝各种形式的参观。

二、严格的消毒措施

消毒措施就是将病鸡排出的和传入的细菌、病毒在没有接触和感染鸡群前消灭的措施。这是疾病控制的第二道防线。

（一）消毒范围

(1) 鸡舍内部消毒 用后的鸡舍、设备和工具必须进行彻底的消毒，间隔一段时间（3周以上），下一次使用前还须进行一次全面的消毒。

(2) 鸡舍周围环境的定期消毒 鸡场进出口及道路的定期消毒。

(3) 进鸡后的带鸡消毒 使用对鸡无不良刺激的消毒药，对鸡及舍内环境进行定期消毒。以杀死和减少鸡舍内空气中飘浮的病毒与细菌等，使鸡体体表清洁。沉降鸡舍内飘浮的尘埃，抑制氨气的发生和吸附氨气，使鸡舍内较为清洁。

（二）消毒方法

(1) 机械的方法 使用机械（高压水喷枪）冲洗或用工具对鸡舍内和鸡场内的污染物进行清理移走处理，以便进行进一步的消毒。

(2) 物理的方法 物理消毒大体包括：火焰消毒，使用喷灯或专用火焰喷射器，对耐火的环境及设备进行消毒；烟熏法，通常是使用甲醛和福尔马林发烟对密闭的环境设备进行熏蒸消毒；紫外线灯消毒，使用紫外线灯对环境或更衣室进行消毒；离子法，如臭氧发生器消毒。

（3）化学的方法　使用化学药剂，如；酸、碱、盐等化学消毒药进行消毒。根据环境和鸡群的不同生产阶段，使用不同的化学药剂。

（4）掩埋掩盖的方法　对病死鸡和污染物进行异地深埋。对鸡舍墙体进行粉刷或表贴。

（5）生物发酵的方法　此法主要对鸡粪和垃圾进行发酵处理从而达到消毒的目的。

（三）消毒程序

1. 鸡舍消毒

（1）粪污清除　家禽全部出舍后，先用消毒液喷洒，再将舍内的禽粪、垫草、顶棚上的蜘蛛网、尘土等扫出禽舍。平养地面粘着的禽粪，可预先洒水等软化后再铲除。为方便冲洗，可先对禽舍内部喷雾、润湿舍内四壁，顶棚及各种设备的外表。

（2）高压冲洗　将清扫后舍内剩下的有机物去除以提高消毒效果。冲洗前先将非防水灯头的灯用塑料布包严，然后用高压水龙头冲洗舍内所有的表面，不留残存物。彻底冲洗可显著减少细菌数。

（3）干燥　喷洒消毒药一定要在冲洗并充分干燥后再进行。干燥可使舍内冲洗后残留的细菌数进一步减少，同时避免在湿润状态使消毒药浓度变稀，有碍药物的渗透，降低灭菌效果。

（4）喷洒消毒剂　用电动喷雾器，其压力应达每平方厘米 30 千克。消毒时应将所有门窗关闭。

（5）甲醛熏蒸　禽舍干燥后进行熏蒸。熏蒸前将舍内所有的孔、缝、洞、隙用纸糊严，使整个禽舍内不透气，禽舍不密闭影响熏蒸效果。

每立方米空间用福尔马林溶液 18 毫升、高锰酸钾 9 克，密闭 24 小时。经上述消毒过程后，进行舍内采样细菌培养，灭菌率要求达到 99% 以上。

育雏舍的消毒要求更为严格，平网育雏时，在育雏舍冲洗晾干后用火焰喷枪灼烧平网，围栏与铁质料槽等，然后再进行药物消毒，必要时需清水冲洗、晾干或再转入雏禽。

2. 设备用具的消毒

（1）料槽、饮水器　塑料制成的料槽与自流饮水器，可先用水冲刷，洗净晒干后再用 0.1% 新洁尔灭刷洗消毒。在禽舍熏蒸前送回去，再经熏蒸消毒。

（2）蛋箱、蛋托　反复使用的蛋箱与蛋托，特别是送到销售点又返回的蛋箱，传染病原的危险很大。因此，必须严格消毒。用 2% 苛性钠热溶液浸泡与洗刷，晾干后再送回禽舍。

（3）运鸡笼　送肉鸡到屠宰厂的运鸡笼，最好在屠宰厂消毒后再运回，否则肉鸡场应在场外设消毒点，将运回的鸡笼冲洗晒干再消毒。

3. 环境消毒

（1）消毒池　用 2% 苛性钠，池液每天换 1 次；用 0.2% 新洁尔灭每 3 天换 1 次。大门前通过车辆的消毒池宽 2 米、长 4 米，人行与自行车通过的消毒池宽 1 米、长 2 米，水深在 3 厘米以上。

（2）**禽舍间的隙地** 每季度先用小型拖拉机耕翻，将表土翻入地下，然后用火焰喷枪对表层喷火，烧去各种有机物，定期喷洒消毒药。

（3）**生产区的道路** 每天用0.2%次氯酸钠溶液等喷洒1次，如当天运家禽则在车辆通过后再消毒。

4. 带鸡消毒

带鸡消毒采用喷雾消毒的方法，消毒药品的种类和浓度与鸡舍消毒时相同，操作时用电动喷雾装置，每1平方米地面60～180毫升，每隔1～2天喷1次，对雏鸡喷雾，药物溶液的温度要比育雏器供温的温度高3～4℃。当鸡群发生传染病时，每天消毒1～2次，连用3～5天。

三、疾病的科学免疫、紧急处置和鸡病净化

免疫是通过对鸡群接种疫苗或菌苗，使鸡群对某种传染性疾病产生特异性的抵抗能力。免疫是防止传染病发生的重要手段，养鸡场必须根据本场疫病的发生情况认真做好各种疾病的免疫接种工作。在发生传染病时采取应急处置。种鸡群进行不间断疾病净化工作。这是疾病控制的第三道防线。

（一）免疫程序制定的基本依据

① 根据当地传染病发生的种类和流行状况，有针对性的选用不同种类的疫苗。

② 根据疫病的检疫和监测情况，进行有计划的免疫接种，减少免疫接种的盲目性和疫苗浪费。

③ 根据不同传染病的特点，疫苗性质，鸡群状况，环境等具体情况，建立科学的免疫程序，采用可靠的免疫方法和有效的疫苗，适时进行免疫接种。

④ 免疫后要进行免疫效果的检测，如发现免疫失败要及时查找原因，采取相应的补救措施或调整免疫程序。

⑤ 免疫程序的制定可根据供种场家提供的免疫程序作参考，但并不可照搬硬套。一定要根据本场情况加以调整，建立符合自己场情的免疫程序。

（二）发生传染性疾病的紧急措施

① 现场兽医和技术人员要经常深入鸡舍观察鸡群的健康情况，一旦发现异常，要对病死鸡进行检查、剖检，如疑视为某种传染病时，应采取隔离、确诊、治疗和紧急接种等措施。做到早发现、早确诊、早处理，防止传染病的蔓延。

② 发生如新城疫等烈性传染病时，应立即封锁现场和鸡舍，并向主管部门报告，以便采取果断措施进行扑灭。

③ 病鸡舍及社内使用的用具，必须彻底清扫（冲洗）和严格消毒。粪便和污物应对经发酵后方可使用。

④ 有些传染病，根据疫病的种类和发生情况，采用药物治疗或疫苗接种。

⑤ 死鸡或捕杀的病鸡必须焚烧或深埋或集中处理。病死鸡禁止食用，更不能出售。

⑥ 饲养人员应及时拣出病死鸡送兽医检查。

（三）家禽疾病的净化

是指在某一限定地区或养殖场内，根据特定疫病的流行病学调查结果和疫病监测结果，及时发现并淘汰各种形式的感染动物，使限定动物群中某种疫病逐渐被清除的疾病控制方法。疫病净化对动物传染病控制起到了极大的推动作用。

种禽场必须对既可水平传播病原，又可通过卵垂直传递的鸡白痢、鸡白血病、鸡支原体等传染病采取净化措施，清除群内带菌鸡。

四、有效的治疗措施

有知名动物医学专家讲："是否可以用药，这是动物和人的最大区别，在这个问题上我们不能将人的意志强加于动物。"但往往在给动物使用药物时，人的主观臆断在起主导作用。养鸡场鸡病的控制主要是采取上述 3 项措施。但有些细菌性疾病、枝原体病和寄生虫病等药物预防和治疗还是有必要的。这是疾病控制的第四道防线。

（一）鸡群有针对性的预防投药

鸡场兽医和技术人员要根据本场既往各种疾病的发生情况，有计划有针对性地制定各类疾病的预防性投药方案。防止和减少疾病的发生。如在 1～5 日龄投以恩诺沙星，预防支原体病；1～7 日龄投以细菌灵、恩诺沙星等预防鸡白痢和鸡大肠杆菌病；对肉鸡从育雏开始在饲料中添加抗球虫药预防球虫病的发生等（注意出场前的停药）。

（二）鸡病的治疗性投药

鸡群一旦发生病情，要及时作出诊断和采取有效措施，把疾病控制和扑灭。病情的正确诊断是至关重要的，只有病情清楚才能有的放矢的用药，收到预期的效果。如遇到复杂的重大疫情，本场兽医技术人员难以作出诊断，应及时求助于当地专业兽医部门进行会诊，以防贻误病情。

（三）保持用药的有效性

某种治疗药物使用前应作药敏试验，选用针对性强的敏感药物，达到药到病除的目的。同时为防止抗药性的产生，应经常更换给药的种类。但应注意投药计量准确，防止药物蓄积和中毒现象的发生。

五、良好的饲养管理措施

科学的饲养管理使鸡有一个健康的体质，发育良好的鸡群就会对流行性疾病有一定的抵抗能力。不难想象一个生长发育不好、整齐度差的弱小鸡群怎能抵御疾病的侵袭。中医讲扶正祛邪，"正气内存，邪不可干，邪之所奏，其气必虚"的论断是有道理的。因此，鸡群的科学饲养管理是非常重要的。

鸡场传染病的综合防治工作更需要有饲养管理条件和管理制度的改善作保证。影响疾病发生和流行的饲养管理因素，主要包括饲料营养、饮水质量、饲养密度、通风换气、防暑或保温、粪便和污物处理、环境卫生和消毒、动物圈舍管理、生产管理制度、技术操作规程等内容。这些外界因素常常可通过改变家禽与各种病原体接触的机会，改变家禽对病原体的一般抵抗力以及影响其产生特异性的免疫应答等作用，使动物机体表现出不同的状态（图5-8～图5-14）。

图 5-8 免疫

图 5-9 免疫

图 5-10 鸡蛋收集

图 5-11 通风

图 5-12 鸡蛋收集

图 5-13 隔离设施

图 5-14 免疫注射

（唐志权）

第三节 粪便干湿分离技术

一、概 述

近年来，畜禽养殖集约化与规模化的快速发展，丰富了人们的物质需求，但也带来了畜禽粪污对水源、空气、环境的污染。据统计，1万只蛋鸡日产鸡粪约2吨，鸡粪乱排放引起的环境恶化已成为迫切需要解决的实际问题之一。但鸡粪既是污染源，也是一种宝贵资源，通过加工处理可制成优质饲料或有机复合肥，不仅能变废为宝，而且可减少环境污染，防止疾病蔓延，具有较高的社会效益和经济效益。

（一）粪便干湿分离技术

粪便干湿分离技术是目前大多采用水冲洗粪便的蛋鸡养殖场不可缺少的关键技术。主要用干湿分离机将鸡粪进行干湿分离，由专用水泵将粪便从储粪池中抽至干湿分离机内，通过干湿分离过程有效地将干粪便与大部分水分、细小粪渣分离，从而实现粪便中固体和液体分离。并将固体、液体进行处理分别生产液态有机肥和固态有机肥，液态有机肥可用于养殖场附近的农作物生产；固态有机肥可直接销售或运到有机肥厂经过烘干、发酵等处理方式生产有机复合肥。

（二）粪便干湿分离技术的优点

当前，利用禽粪便建设的沼气工程普遍存在预处理不充分、沼液沼渣利用差和二次污染等问题，因此在粪便及污水流入沉淀池之前，先使用干湿分离机对鸡粪进行干湿分离处理，可有效减轻沼气池的运营负荷。粪污进入沼气池之前，进行干湿分离可使鲜粪中的干粪转变成有价值的有机肥，分离后的污水间歇性地进入沼气池，可以使厌氧池有一个充分消化的时间，产气量更高。经过干湿分离后的粪水进入沼气池，可有效解决沼气池结壳现象，免去清理沼渣的工作，还可减少沼气池的建设投入。通过干湿分离处理后，可将鸡粪脱水成含水45%左右的干粪，不加任何其他化学成分，可以加工成饲料或直接用于蔬菜、花草、茶叶的种植等，也可加工成有机复合肥。干湿分离后的干粪使用方便，可直接用手撒，且便于运输；废水进沼气池或再利用做液态肥。粪便干湿分离技术避免了鸡粪污染环境，挖掘鸡粪经济价值，可以做到废物利用，变废为宝，循环经济，绿色环保。

（三）粪便干湿分离的原理

鸡粪干湿分离机是养殖场畜禽粪便粪污脱水的一种环保设备，由输送泵、固液分离部件、机架、配电箱、联接管道等组成。干湿分离时专用泵将储粪池中的原粪水粪渣同时提升至粪便干湿分离机内，并通过安置在筛网中的挤压螺旋以每分钟45转的转速将脱水的原粪水粪渣向前推进，粪水中的干粪便与大部分水分、细小粪渣分离。其中的干物质通过与在机口形成的固态物质柱体相互挤压分离出来，从干湿分离机前端排出；其中的粪水则通过筛网滤出，从分离机下端流走，回流进入调节池内或经专用管道排至沉淀池中。

（四）鸡粪干湿分离流程（图 5-15）

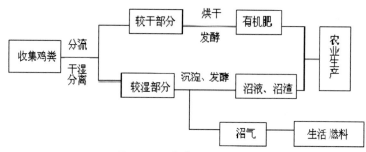

图 5-15 鸡粪干湿分离流程

（五）粪便干湿分离的程序

1. 收集鸡粪到集粪池中

对于安装有自动刮粪板的养鸡场，先用自动刮粪板将鸡粪刮到集粪池后，再用适量的水冲洗鸡舍内残存的粪便入集粪池中；对于直接用水冲洗鸡粪的养鸡场，直接用适量水将鸡粪冲洗到集粪池中。

2. 对集粪池中的粪便进行干湿分离

启动干湿分离机，对冲洗收集到集粪池中的粪便污水进行干湿分离，分离出半干鸡粪和粪液两种物质，经分离后的粪渣含水量在 45% 左右。粪液从分离机下面的粪液排出口排出，分离出的固体物质（粪渣）从分离机前端排出。

3. 粪便干湿分离物的处理利用

粪液通过专用管道可直接输送到蔬菜大棚、果园及需要施肥的田地，也可通过专用管道输送到沉淀池或沼气池进行厌氧发酵生产沼气。沼气可用做生活燃料如照明或煮饭等，沼渣、沼液可就地灌溉农作物或出售给周边农民；分离出的半干粪可直接装车出售或者运到有机肥厂生产复合有机肥。

二、特 点

① 粪便干湿分离技术操作简单、容易掌握。一般的干湿分离机具有自动化程度高，耗电量小，操作方便的特点，只需按启动、停止按钮进行操作即可。

② 处理粪便量大，主机功率 4 ~ 5.5 千瓦，每小时可处理鸡粪 2 ~ 3 吨。

③ 采用粪便干湿分离技术可减少粪便的堆存体积，降低粪便的气味，且便于运输，不污染道路、环境。

④ 分离出的固态、液态鸡粪均可变为有机肥。经过干湿分离处理后的鸡粪中含水分 45% 左右，经过发酵可制成复合有机肥；粪水可直接用于农作物利用吸收或进沼气池进行厌氧发酵生产沼气。

⑤ 粪便干湿分离技术其处理方式属于物理处理，存在固液分离后粪渣的处理、粪水的排放和卫生防疫等问题。

⑥ 使用的设备（干湿分离机）具有占地面积小、安装维修方便、低功率、高效率、投资回报快，不需添加任何絮凝剂等特点。

⑦ 粪便干湿分离采用先进的螺旋挤压式分离机，集成了粪水输送、粗大杂物切碎、螺旋挤压固液分离、干粪渣输送等技术。

⑧ 干湿分离机的工作效率与原粪水的黏性、储存时间、干物质的含量等因素有关，其平均处理鸡粪的效率为每小时 2～3 立方米。

三、成 效

① 蛋鸡场的粪便经过干湿分离后，干粪采取烘干或生物发酵制成优质有机肥或作物专用肥；粪污水通过专门的管道流向养殖场的沼气池或农田，沼液和沼渣则用于还田，种植苗木，可额外增加收入。

② 干粪制成有机肥，粪污水流到沼气池，解决了规模养殖场因畜禽粪便乱排放而引起的对环境和水体的污染；大大改善了鸡场的卫生环境；消除了蚊、蝇、臭气，减少疾病的传播，真正实现了经济效益和环境效益的双赢。

③ 鸡粪经过干湿分离处理后的干粪渣含水量较低，含水量在 45% 左右，可直接装袋经自然升温发酵后作农家肥使用，适合较长距离运输，可以高价格出售。

④ 经过分离后的液体粪便可直接排入沼气池，极大增强沼气池的处理能力，又可大大减小沼气池、生化池的建设容积，出沼气的效率更高；而且沼气池不会被堵塞，延长了沼气池的使用寿命。

⑤ 经过分离后的粪便拌入草糠充分搅拌，加入菌种发酵，适合后续好氧发酵生产复合有机肥，也可作为优质有机肥直接使用，用于改良土质。

⑥ 养鸡场可以处理完当天的鸡粪，降低了养殖场粪便处理压力，解决了养殖场粪便处理难，污染环境的问题，提高了养殖场的经济效益。

四、案 例

重庆市腾展家禽养殖公司，地处巫溪县菱角乡三坪村二社，海拔 850 米，占地 5.3 万平方米，属产、供、销一体的生态农业公司。建有鸡舍 1.5 万余平方米，存栏大宁河鸡种鸡 5.2 万套；配套建有鸡粪干湿分离场 700 多平方米、沼气池 950 多立方米和有机肥加工厂 1500 平方米。

该鸡场每天产生的鸡粪约 7 吨，在粪污处理中，每天用刮粪板自动刮粪后，用少量水将鸡舍中残存的粪便冲洗到集粪池中，然后用干湿分离机对储粪池里的鸡粪进行干湿分离。一般每小时可处理鸡粪约 3 吨，经处理后的粪污水通过专门的管道流向容积为 950 多立方米的沼气池沉淀、发酵，产生的沼气供生产生活使用；沼液和沼渣作为农田的肥料，供附近种植水果和蔬菜的农民无偿使用；干粪运到有机肥加工厂经过烘干或发酵处理生产有机肥或直接销售。

鸡场整个排污处理过程在很小的成本下营运，不产生任何对环境造成污染的物质，大大增加了鸡场粪便的利用价值，提高了效益。同时，也解决了因粪便乱排放而引起的对周边环境的污染，以及对周围百姓生活的不良影响，达到零排放，做到了粪污的无害化处理和资源化利用，真正实现了经济效益与社会效益和生态效益的有效融合（图5-16～图5-23）。

图 5-16 场区门口

图 5-17 场址选择

图 5-18 鸡场内部

图 5-19 清粪系统

图 5-20 粪便处理

图 5-21 鸡粪处理

图 5-22 鸡粪处理

图 5-23 鸡粪处理

（刘安芳）

第四节　鸡粪处理与利用技术

一、概　述

鸡粪如果不进行合理处理是一种污染源，但如果将其通过合理有效的处理，进行开发利用，变废为宝，会成为一项重要的可利用资源，目前蛋鸡场对鸡粪资源化处理有效应用的技术包括鸡粪肥料化技术和鸡粪能源化技术，本节就这两项技术阐述如下。

（一）鸡粪肥料化技术

由于鸡自身生理结构（消化道短）、对饲料蛋白需求较高以及饲养方式等特点，鸡粪中含有大量的有机物及丰富的氮、磷、钾等营养物质，是农业可持续发展的宝贵资源。如今，伴随着规模化集约化养鸡场的发展，对鸡粪的处理也越来越重视，生产有机肥是最广泛使用的处理方法，当前最多的是采用堆肥法。堆肥是把收集到的鸡粪掺入高效发酵微生物如 EM（有效微生物群），调节粪便中的碳氮比，控制适当的水分、温度、酸碱度进行发酵而生产有机肥。鸡粪常用的堆肥方式有条垛式堆肥和槽式堆肥：条垛式堆肥是将粪便和堆肥辅料按照适当的比例混合均匀后，再将混合物料在水泥地面上堆制成长条形堆垛，堆体大小主要由翻抛机的尺寸决定，堆体底部宽度控制在 1.5 米左右，堆体高度控制在 0.6 米左右；槽式堆肥是将堆料混合物放置在长槽式的结构中进行发酵的堆肥方式，槽式堆肥的供氧依靠搅拌机完成，搅拌机沿槽的纵轴移行，在移行过程中搅拌堆料，堆肥槽中堆料深度为 1.2 ~ 1.5 米，堆肥发酵时间为 3 ~ 5 周。

堆肥时通常将高氮、低碳的粪便与低氮、高碳的农作物秸秆或木屑进行混合堆肥，堆肥主要工艺流程为鸡粪物料处理→加入菌剂和辅料→堆积发酵→翻堆→继续发酵→摊平（卸料）→干燥→粉碎→分筛去杂→包装。

影响堆肥效果的因素很多，主要包括①有机质含量：堆肥中合适的有机质含量为 20% ~ 80%；②含水率：40% ~ 65% 的含水率最有利于微生物分解；③碳氮比：一般以（20 ~ 40）：1 较合适；④pH 值：一般微生物最适宜的 pH 值是中性或弱碱性；⑤温度：温度的作用主要影响微生物的生长，堆肥开始时，中温菌经过 1 ~ 2 天的作用，使堆肥温度达到 50 ~ 65℃，经过 5 ~ 6 天即可达到无害化；⑥供氧：氧气是好养微生物生存的必要条件，目前，主要利用装载机、动力铲或其他特殊的设备翻堆供氧和自然通风供氧。

（二）鸡粪能源化技术

采用以厌氧发酵为核心的能源环保工程，集环保、能源、资源再利用为一体，是鸡粪能源化利用主要途径的系统工程。能源化技术目前主要分为两种，一种为沼气工程，直接提供沼气作为能源；另一种为热电肥联产工程，不仅提供沼气，还通过沼气发电提供电源，解决了大型蛋鸡场的鸡粪污染问题，另外，发酵原料或产物可以生产优质有机肥，发酵液可以用作农作物生长所需的营养添加剂。

1. 沼气工程

该工程主要由前处理系统、厌氧消化系统、沼气输配及利用系统、有机肥生产系统以及消化液后处理系统组成。其中，前处理系统主要由固液分离、pH 值调节、料液计量等环节组成，作用在于去除粪便中的大部分固形物，按工艺的要求为厌氧消化系统提供一定数量、一定酸碱度的发酵原料。厌氧消化系统的作用是在一定的温度、一定的发酵时间内将前处理输送的料液通过甲烷细菌的分解进行消化，同时生成甲烷。

2. 热电肥联产工程

一般都用于大型蛋鸡场，结合鸡粪的自身特性，引入原料预处理、可控沼气发酵、沼气热电联产、余热加温、沼液固液分离、沼渣强化堆肥和沼液浓缩技术，构建大型蛋鸡场粪污沼气发酵及热电肥联产的技术体系，实现鸡粪的高效益、可控性的资源化利用，确保大型蛋鸡场环境控制的稳定。

总之，鸡粪不加处理，势必引发空气、水环境和土壤污染，可使畜牧业经济发展受到影响。必须尽快利用各项技术对蛋鸡粪便进行减量化处理、资源化利用，必须把现有的资源化技术在一定程度上进行科学组合，综合治理，使蛋鸡粪便得到多层次的循环利用，才能有效地解决养殖业的环境污染问题。鸡粪既是污染源，也是一种可再生利用资源，对其加以利用，不仅可以防治对生态环境造成的危害，也可获取一定的经济效益，实现生态经济良性循环，具有重要意义。

二、特　点

鸡粪的处理目前常用的是肥料化技术和能源化技术，肥料化技术最广泛使用的方法是堆肥技术，其特点为自身产生一定的热量，并且高温持续时间长，不需要外加热源即可实现无害化，使纤维素这种难于降解的物质分解；使堆肥物料矿物质化、腐殖化，产生重要的土壤活性物质；基建投资低，易于管理，设备简单；产品臭味少、质地疏松、含水率低，容易包装和运输，方便施肥，有利于作物的生长发育。堆肥的缺点是处理过程中有氨气的损失，不能完全控制臭气，而且堆肥需要的场地大，处理所需要的时间长。

能源化技术的特点是主要用于大规模的蛋鸡场，一种是利用沼气工程提供沼气，另一种采用热电肥联产的方式发电提供电源，主要是通过机械化清粪及转运，降低劳动强度，改善劳动条件；利用完善的原料预处理和发酵环境控制系统，保障发酵系统稳定；沼气热电联产在利用沼气获取电能的同时，保障了沼气发酵的季节稳定；沼液浓缩技术开发，使种植业和养殖业实现不要"捆绑"的匹配结合；事故缓存池的设计，避免工程调试期间以及故障下的环境风险；特殊鸡粪与固体沼渣的强化堆肥，一方面增强了沼渣的肥料商品化特性，另一方面解决了鸡粪污染的处理问题。

三、成　效

对鸡粪进行处理，转化为有机肥、清洁能源，经济价值相当可观。在能源化方面，无用的废弃物鸡粪转化为沼气，提供了清洁能源，或转化为热能，进一步转化为电能，能够为我国紧张的能源供应局势提供新的能源来源；而且实施鸡粪能源化处理的企业都能够获得丰厚的经济收益。在鸡粪肥料化处理方面，鸡粪转化为有机肥，为我国有机食品产业的发展提供了资源丰富的有机肥源；鸡粪肥料化提高了蛋鸡养殖场的额外收益，减少了鸡粪堆积造成的经济损失。

鸡粪再生资源商品化，实现了废物的综合利用，大大缓解了养鸡场粪便污染问题。首先鸡粪处理减轻了点源污染，改善了养鸡场周边地区的环境；其次，鸡粪的能源化处理，如发电、生产沼气等模式产生了清洁能源，减少了温室气体的排放，也减少了滥砍滥伐，保护了森林和绿色植被；再次，鸡粪的肥料化处理，生产了生物有机肥，这些肥料的施用有利于促进土壤团粒结构的形成，能够有效提高土壤的保水保肥和供肥性能。

鸡粪处理，改善了农村的生活环境，也给农民提供了更多的就业机会，实现了农民增收，农业增效，使农村环境更加优美、社会更加和谐，有利于促进农村经济又好又快地发展。

四、案 例

（一）上海军安特种蛋鸡场（肥料化技术）

2011年，该场圈存蛋鸡18万余羽，利用产生的大量鸡粪和适量的秸秆粉搅拌、加菌发酵、堆积等一系列工艺生产有机肥料，年产量约11000吨。以鸡粪为主要原料，以部分植物纤维为辅料，加上生物菌，经过积温发酵、搅拌、堆肥、发酵和腐熟而成的有机肥料，有机质含量高、氮磷钾成份丰富、均匀，可广泛应用于农田、园林等领域。而且肥料生产周期快。工艺流程图见图5-24，其主要技术参数如下。

有机质含量（以干基计）	≥30%
总养分（N+P$_2$O$_5$+K$_2$O）含量（以干基计）	≥5%
水分（游离水）含量	<30%
酸碱度pH值	5.5～8.0

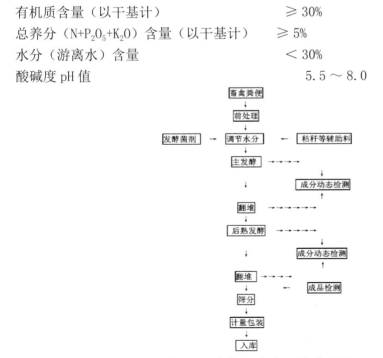

图5-24 有机肥生产工艺流程图

（二）上海汇绿蛋品有限公司（能源化技术）

该公司利用粪污沼气发酵及热电肥联产方式处理鸡场内的鸡粪，主要工艺设施设备有机械化清粪系统、鸡粪预处理系统、可控式沼气发酵系统、沼气缓存系统、沼气净化系统、沼气热电联产系统、余热贮存和散热系统、电气及控制系统、沼渣沼液缓存回流系统、沼渣沼液固液分离系统、固体沼渣及特殊鸡粪强化堆肥系统、固体有机肥堆放场、沼液液体有机肥浓缩系统、浓缩液体有机肥贮存池、浓缩液体有机肥转运车以及事故应急缓存池。技术流程（图 5-25～图 5-31）。

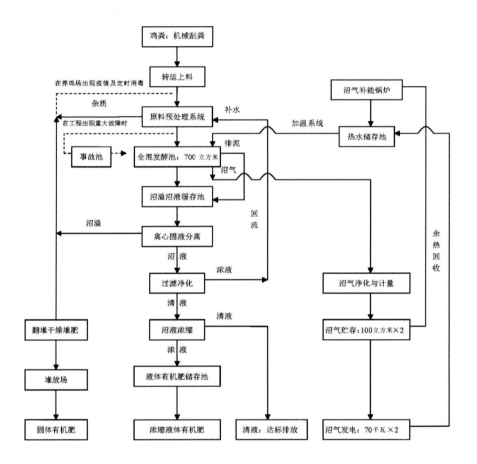

图 5-25 能源化技术流程图

图 5-26 槽式堆肥

图 5-27 清粪带清粪

图 5-28 刮粪板清粪

图 5-29 沼气发酵塔

图 5-30 鸡粪输送设备

图 5-31 沼气发电机

（陆雪林）

第五节 蛋鸡养殖-有机肥-种植生态循环技术

发展规模养殖，推行"种—养—加"生态循环的养殖模式，已成为蛋鸡养殖业探索的一条新途径。

一、概 述

在畜牧业生产中，大量畜禽粪污以及清洗、消毒等产生的污水，未经任何处理，直接排入河道或渗入地下，造成了日趋严重的乡村土壤和水环境污染。污水含有大量的有机质和消毒剂的化学成分，且有可能含有病原微生物和寄生虫卵。畜禽粪便不仅污染地表水，其有毒、有害成分还易渗入到地下，严重污染地下水。因此，把粪便利用等环保问题放在首要位置是促进畜牧业可持续发展的关键措施。以鸡粪为主要原料，运用高效的复合菌种及其扩繁技术、先进的原料调配技术与生物发酵技术、最佳专用肥技术、制肥成套工艺设备设计制造技术，将鸡粪、褐煤、菌类合成微生物发酵后，粉碎、造粒、干燥，制作成为生物有机肥。

制作过程中，通过皮带运输机将鸡舍中的鸡粪集中收集，采用搅拌机将其混合2分钟后，将食用菌废料按比例倒入水中稀释搅拌均匀，直至没有团块，将稀释后的原料倒入发酵池内，在温度为 25～35℃ 下发酵 5～10 天，发酵后的物料经过粉碎，用皮带输送机输送到造粒机内，原料在蒸汽内随着造粒机不停转动成颗料，造粒机内生产的颗粒将输送至滚筒烘干机与空气进行换热，由高温空气对物料进行烘干，烘干后的产品经检验合格后包装入库。这项有机肥生产技术的运用，解决了企业粪便污染问题。制作成功后的生物有机肥，可以应用到无公害农产品栽培和绿色产品栽培，也能应用于普通农作物的生产以及花卉栽培、绿化等。生产出的鸡粪有机肥可长期使用，一方面对改良土壤结构，增加土壤透气性有重要作用；另一方面可以减少化学肥料和农药的用量，提高作物内在品质，使作物外观充满光泽，根茎发达，大大提高作物产量。蛋鸡养殖-有机肥-种植生态循环技术既为消费者提供了纯绿色、无污染、无药残、无公害的高营养优质鲜蛋，又使鸡粪烘干再利用，直接作用于农作物，基本实现了"蛋鸡养殖-鸡粪烘干发酵-还田"的生态循环。

二、特 点

① 饲养蛋鸡对原粮进行转化，鸡粪生产有机肥反哺农田，实现了种、养良性循环。是实现农业产业结构调整，向科技含量高、附加值高转化，是实现农业产业化经营的一条投资少、见效快的有效途径。

② 鸡粪生产有机肥不仅解决了环境污染和粪污综合治理利用问题，还极大地节约了能源。

③ 以有机肥生产为纽带，进行家禽粪便处理，通过对废物的重复利用，可以产生节

能降耗的效果,保持循环经济的可持续发展,具有广阔的发展前景和社会效益。

④ 改善了种、养生态环境,减少了污染,降低了农产品的有害残留物,提高了农产品质量。为市场提供无公害食品,提高了产品竞争力,增强了农产品的市场占有率。

三、成 效

蛋鸡场依靠蛋鸡养殖生产,蛋鸡提供鸡粪,鸡粪经发酵后,用于还田,为果园、蔬菜大棚提供充足的有机肥料。养殖场一方面为市场提供了源源不断的鲜蛋,另一方面天然、高效的鸡粪为设施果蔬提供了优质肥料,既实现了无污染的循环经济,同时还为周边村民提供了就业岗位,带动了周边地区经济发展。促进了农业生态良性循环和农业的可持续发展,保持农村稳定,对农民实现奔小康具有重要的现实意义。

四、案 例

在蛋鸡生态养殖模式中,山西省阳泉市郊区桃林沟村金凤凰蛋鸡养殖场建设标准高、规模大、设备优、效益好。该养殖场于 2008 年 8 月开始建设,2009 年 12 月全部投产。一期工程总投资 2930.34 万元,占地面积 6.67 万平方米。鸡场存栏蛋鸡达到 32 万只。蛋鸡养殖基地禽舍封闭,养殖采用韩国"直立式"鸡笼:雏鸡 4 层,蛋鸡 6 层,自动饮水、自动加药(饮水加药)、机械喂料、机械收蛋、机械出粪,鸡粪实时干燥。机械喂料使饲料饲喂均匀,保证鸡的进食量和整齐度,保持鸡群高产。鸡粪实时干燥系统使鸡排出的粪能及时干燥,减少微生物活动,进而减少有害气体的释放。年产 1 万吨的鸡粪有机肥生产线,将基地产生的鸡粪发酵做成生物肥,来提高经济效益。生物有机肥可以应用于无公害农产品栽培和绿色产品栽培,也可应用于普通农作物的生产以及花卉栽培、绿化等。生产出的鸡粪有机肥长期使用,一方面对改良土壤结构,增加土壤透气性有重要作用;另一方面可以减少化学肥料和农药的用量,提高作物内在品质,使作物外观充满光泽,根茎发达,大大提高了作物产量。目前,1 万吨的鸡粪有机肥生产线还在建设过程中,未全面投产,但现有鸡粪经过烘干后,已全部用于基地种植的葡萄、桃树、大棚蔬菜及花卉等,解决了粪便处理问题(图 5-32)。

图 5-32 鸡场全景

(白元生)

第六节 蛋品加工技术

一、概 述

鸡蛋是人们日常生活中的重要营养食品,世界各国经过加工以后的鸡蛋产品以及用鸡蛋为主要原料的新产品不断涌入市场。液蛋、冰冻蛋、干燥蛋粉等成熟的加工技术也得到广泛应用,发达国家如荷兰等通过对鸡蛋的分级、检测与包装等方面的研究开发,提高了蛋品质量,使其达到了食品卫生级安全标准。进入21世纪以来,我国经济得到了快速的发展,特别是随着城市化进程的加快和人民生活水平的提高,人们的生活方式和饮食习惯也发生了很大的改变,为蛋品加工业的发展创造了条件,对洁蛋的需求大量增加,液蛋加工也出现了良好的势头,发展前景广阔。许多规模化蛋鸡场的生产经营方式开始做出相应的调整,逐步安装洁蛋和液体蛋加工设施设备,为蛋品加工业的发展打下了良好的基础。

蛋品加工技术主要包括初级加工、洁蛋加工、再制蛋加工、液蛋加工、蛋粉加工及其他生化制品提取等深加工。初级加工主要包括集蛋、装箱、清洗等方法;洁蛋加工主要采用清洗、消毒、干燥、涂膜、检测、分级、打码、包装等技术;再制蛋加工主要采用清洗、检测、拌料、腌制、蒸煮、剥壳、干燥、包装等技术;液蛋加工主要采用清洗、检测、打蛋、巴氏杀菌、装填等技术;蛋粉加工主要采用清洗、检测、打蛋、分离、巴氏杀菌、干燥等技术;其他生化制品等系列深加工技术主要采用如提取卵磷脂、蛋黄油等技术。

目前,国内具有一定规模的蛋鸡场都可以进行鸡蛋的初级加工;洁蛋加工国内部分规模化的蛋鸡场也开始采用;液蛋加工主要在大城市周围的规模化蛋鸡场;蛋粉以及其他生化制品等系列深加工一般有独立的蛋品公司或工业企业生产,蛋鸡场很少参与加工。下面主要介绍与规模化蛋鸡场密切相关的洁蛋加工和液蛋加工。

(一)洁蛋加工

拥有洁蛋加工技术的规模化蛋鸡场一般都具有一整套自动化鸡蛋收集设备和鲜蛋处理系统,洁蛋加工的主要流程为鸡蛋产出后进入输送带,送至验蛋机,剔除破壳蛋,进入洗蛋机自动清洗,再送到鸡蛋处理机,进行自动涂膜、干燥等,然后进入选蛋机,进行自动检数、分级和包装。洁蛋加工处理设备由气吸式集蛋传输设备、清洗消毒机、干燥上膜机、分级包装机和电胶打码(或喷码)机组成,对鸡蛋进行单个、不接触人的处理,实现全自动高精度无破损的处理和分级包装,对整个生产环节进行温度控制。气吸式集蛋和传输设备,可以无破损地完成集蛋和传输工序;清洗消毒机实现无破损、无残留和完全彻底的清洗消毒;干燥上膜机风干并采用静电技术均匀上膜保鲜;分级包装机使鸡蛋大头部指向同一方向,以保证包装后蛋的大头向上,避免蛋黄黏壳,延长贮藏期;分级包装机完成蛋体污物和裂纹探测以及次蛋优选处理,按质量分级,并完成包装作业;电脑打码机或喷码机在每个蛋体或包装盒上进行无害化贴签或喷码标识(包括分类、商标和生产期);生产线自控系统进行生产工艺过程设备的全自动控制。

（二）液蛋加工

液蛋即液体蛋，是鸡蛋经打蛋去壳，将蛋液经一定处理后包装冷藏，代替鲜蛋消费的产品，可分为蛋白液、蛋黄液、全蛋液。液蛋不仅拥有鲜蛋所有的营养功能，而且拥有比鲜蛋更高品质、更便捷、更安全的特性。

液蛋的生产流程如下：鸡蛋→自动放蛋→洗蛋→蛋风干→打蛋→全蛋或分离蛋→蛋品收集及过滤或蛋壳分离→急速冷却→原料冷却储存→均质→杀菌→成品冷却储存→充填→冷藏或冷冻。

技术要点如下：

（1）**鲜蛋验收、储存**　对原料鸡蛋进行严格的质量检验。

（2）**上蛋、清洗**　清洗是为了杀灭蛋壳表面大部分的微生物（如大肠杆菌、沙门菌）或物理性的有害物质。

（3）**打蛋、分离**　打蛋是液蛋生产中一个重要的技术环节，打蛋的理想温度是15～20℃，从这个步骤开始，蛋液开始暴露在空气中，因此需要在设备内部保持正压，且空气应该经过过滤处理，洗蛋的房间应该保持负压，以防止污染的空气进入打蛋间。

（4）**过滤、冷却**　打蛋后必须马上过滤以减少蛋壳碎屑在蛋液中存留时间，以减少污染的可能性。

（5）**均质、杀菌**　均质机的安装位置结合杀菌机，一般常运用在蛋黄或全蛋产品的生产中，对蛋白产品不适用，巴氏杀菌已成为液蛋加工的核心技术。

（6）**包装、储藏**　液蛋经过杀菌后，冷却到4℃暂存，并在独立的洁净包装间无菌包装，防止在包装过程中的二次污染。严格包装流程和包装材料的卫生同样可以延长成品的保质期。

液蛋生产设备有自动蛋盘进蛋机、洗蛋机及风干机、称重系统、打蛋机、蛋品收集桶及过滤装置、蛋壳分离机、冷却交换板、原料冷却储存桶、均质机和连续式杀菌机、成品冷却储存桶和填充机等。

二、特点

蛋品加工技术依托规模化的蛋鸡场和现代化的蛋品加工设施设备，洁蛋加工和部分液蛋加工一般都设在规模化蛋鸡场进行，以便于鸡蛋的处理和销售，蛋品的深加工一般都独立设厂建立食品或工业企业。

洁蛋加工的特点：利用传动系统可使包装的所有鸡蛋的端部指向同一方向；可以自动在线无损检测蛋的裂纹、蛋内血斑、肉斑、新鲜度和蛋壳血迹和污物，并剔除不合格的鸡蛋；传输装置将鸡蛋平稳地从滚筒上传输到分级装置上，实现柔性输送；可以全自动打码包装；可对蛋按设定分级标准进行分级包装。从鸡蛋的产出到最后的包装入市全是自动化操作，整个过程不需要任何人工直接触摸，大大增强了鸡蛋食用的安全性。

液蛋加工的特点：对原料鸡蛋的质量要求高；蛋品加工设备现代化程度高；对设施设备和环境的卫生控制严格；加工过程中对温度有明确的规定；巴氏杀菌为液蛋加工的核心技术。液蛋虽然只是产品的形态发生了变化，但它对加工、运输和贮藏的条件很高，从出厂、运输到销售全程要实现冷链管理。

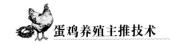

三、成　效

中国鸡蛋的消费模式一直是蛋产出后直接上市销售，没有经过任何的清洗和消毒等处理，是名副其实的"脏蛋"，对消费者的健康造成很大的影响。一些发达国家如美国、德国、日本等，鸡蛋生产加工过程都很早就形成规模化，实现了机械化生产，洁蛋的生产水平非常高。近年来，随着人民生活水平的提高，以及规模化蛋鸡场的不断发展，我国的蛋品加工业也得到了逐步的重视，洁蛋、液蛋加工也取得了初步的成效。

洁蛋加工通过对产出的鸡蛋经过清洗、消毒、干燥、涂膜、包装等工艺处理，去除了脏蛋蛋壳上残留的粪便、泥土、羽毛、血斑等污染物，有效消除了蛋壳上的残留细菌，延长了鲜蛋的货架期，极大地提高鲜蛋品质和安全性。另外采用自动打码（或喷码）技术，使消费者了解每枚鲜蛋的生产时间、商标、分级情况等质量指标，可实现按质论价，既可提高生产者的收益，又确保消费者的消费质量和利益。

鲜蛋加工成液蛋可以在营养、风味和功能特性上基本保留了新鲜鸡蛋的特性，且质量稳定，液蛋产品卫生无致病菌，在冷藏温度下能保存数周，产品中如添加盐或糖在冷冻情况下可保存数个月；液蛋生产杀灭了致病菌，确保了食品安全；液蛋生产降低了人工成本，机械打蛋提高了成品率；液蛋可直接运用于生产产品，容易运输及贮藏，没有蛋壳垃圾问题。液蛋的应用非常广泛，如食品、化妆品等行业。在食品加工厂或宾馆酒店，可运用于各种蛋糕、糕饼、蛋奶冻、色拉酱、冰淇淋、健康饮料、婴儿营养食品、煎蛋卷、蛋黄酱等的制作；在化妆品行业，蛋清是很好的面膜成分，蛋黄可用于制作香波和护发素。

四、案　例

上海汇绿蛋品有限公司从荷兰 MOBA 公司引进 OMNIAXF170 型蛋品分级包装机，产量为每小时 60000 枚，包装每小时 170 箱，2 条轨道，6 排进料，包装线 8～16 条。

生产流程：鸡蛋→散蛋→蛋托→上料→转向→蛋壳紫外线杀菌→检测裂纹蛋、脏蛋→称重分级→包装。

整个流程全部配备有电脑控制系统，整个生产过程全部自动化，与肮脏检测系统、裂缝检测系统、内部血斑、蛋壳颜色检测系统、紫外线杀菌系统配合使用，并配备了清洗、干燥和上油再保护系统。

当鸡蛋到达分级包装车间时，以 5×6 的形式置于纸膜或塑料的托盘中再放在上料系统上。通过紫外线消毒系统有效的杀灭鸡蛋表面和滚轮上的细菌；裂纹检测系统检测出细如发丝般的裂纹；肮脏检测系统装在不锈钢箱体内，位于鸡蛋物流的上方，用来检测鸡蛋上各种各样污点；血斑检测系统将鸡蛋内部的血斑可通过光谱分析发现，通过程序控制可以将带血斑的鸡蛋送往单独的包装通道或者从系统中排出。

该公司根据市场需要，将鸡蛋设置分为五级，50 克以下用于头生蛋销售，50～53 克用于制作茶叶蛋，53～58 克用于供应星级酒店，58～62 克用于供应快餐公司制作荷包蛋和白煮蛋，62 克以上称重卖。每天加工分级包装蛋 35 万枚，鸡蛋经过分级加工包装后，经济效益提高 10% ～ 15%。随着市场对液蛋的需求增加，该公司今年也引进安装了液蛋加工设备，用于生产液蛋，主要提供连锁面包店等客户（图 5-33 ～图 5-40）。

图 5-33 包装蛋箱

图 5-34 照蛋检测

图 5-35 鲜蛋分级

图 5-36 液蛋加工设备

图 5-37 裂纹蛋、血斑蛋检测

图 5-38 鸡蛋喷码

图 5-39 液蛋储存灌

图 5-40 鸡蛋清洁

（陆雪林）

第六章 集成配套技术

第一节 北方丘陵、山区蛋鸡生态养殖技术

一、概　述

散养鸡蛋深受消费者欢迎，许多养殖户尝试山区放养蛋鸡。目前，蛋鸡放养存在诸多问题，主要表现在生产性能低、管理粗放、蛋品安全质量无法掌控等，所以急需推广有效的散养鸡生态养殖配套技术。本技术主要适用于北方区域，供养殖户参考。

（一）养殖品种

既可选择具地方特色鸡种，如大骨鸡及某些地方品种配套系等，也可选择适宜散养的高产蛋鸡品种，如海兰褐、罗曼粉等。后者在同等山场散养条件下具有产蛋多、整齐度高、易管理的特性，且鸡蛋品质与地方品种差异不大。

（二）养殖规模

饲养规模以每群 500 ～ 1000 只、每亩山场饲养 30 ～ 40 只为宜。这样既能保证蛋鸡自由活动、采食，又能有效防止山场植被因鸡过度采食而被破坏，并便于日常的饲养管理。

（三）场址选择

场址应选择地势高燥、相对平坦、开阔、排水良好的山坡或草场、林地，且水、电、路齐全。鸡舍周围放牧地坡度不能超过 30 度，植被良好，草、虫等饲料资源丰富，但树木树冠遮阴不能太多，阳光照射地面面积在 50% 左右，防止春秋时阴冷和影响地面植被的生长。水源充足，水质达到无公害畜禽饮用水标准。其他方面符合国家相关防疫规定。禁止在低洼、潮湿及水源被污染地建场，还应考虑极端天气、地质灾害时鸡场和鸡群的安全。

（四）鸡舍建筑与设施

1. 设计原则

总体要求是保温隔热性能及通风换气良好，光线充足，便于清理粪便及消毒防疫。鸡舍建筑质量以砖混或以砖混为主的棚舍为宜。在设计时，一方面要避免华而不实，同时也不要片面强调因陋就简而影响鸡的生产性能及生物安全，造成更大的浪费。每群鸡的鸡舍应独立、自成体系，各鸡舍间呈棋盘式分布，一般间距为 150 ～ 200 米。

2. 建筑规格与配套设施

如以 500 只鸡群为一个饲养单位，要求鸡舍长 10 米，宽 5 米，房檐高 2 ～ 2.2 米。设 2 个隔间，每个隔间在南墙中间位置或一侧设 1 门，供人鸡进出，也可在每个隔间再设 1 个鸡只进出口，规格为长 50 厘米、高 40 厘米。每个隔间南北墙各设 2 个窗户，规格为长 145 厘米、高 90 厘米，窗户上缘与舍内北墙根连线与地面的角度最好为 25 度左右。舍内近北墙处设栖架，高度为 30 厘米左右，每只鸡占栖架的位置为 12～15 厘米。舍内及运动场设产蛋窝，长 35 厘米、高 30 厘米、深 35 厘米，每 5 只鸡设一个蛋窝，置于安静避光处，窝内放入适量干燥垫料。在舍前或围栏区内选择地势高燥的地方搭设避雨棚，面积为鸡舍的 1/3 左右，以利避暑和防雨。

（五）饲养管理

育雏应安排在 11～12 月份，育雏期及育成前期舍饲养殖，以便躲过寒冷季节，在气候适宜时进行放牧饲养，使整个产蛋期落在适于放牧的温暖季节。鸡群中最好搭配 5% 左右的公鸡。

1. 育雏、育成期

育雏期饲养管理方法与常规饲养方式相同。为使雏鸡快速适应室外放牧环境，根据育雏季节、气温可适当调节育雏后期温度。雏鸡离温后舍温可逐渐降低，至 35 日龄后以不低于 18℃ 即可，但注意舍温不能忽高忽低。前 2～3 周用雏鸡颗粒全价料，此后用雏鸡粉料，3 周后可搭配切碎的青绿饲料，以锻炼鸡的消化能力。

育成期根据天气情况开始放牧，并建立补料、回舍等的条件反射。17 周龄前采用自然光照，营养上要保证鸡只需要，应以补饲全价料为主，放牧野外采食为辅，在锻炼消化道同时，体重要求达标。

2. 产蛋期

补饲采用全价料或购买优质的预混料自配全价料，补料量可以根据不同季节、放牧地的植被情况、虫草的多少和鸡的觅食情况来确定。一般每天补饲 2 次，补料量为正常采食量的 80%～90%。自由饮水或每天定时饮水 3～4 次。

17 周时（3 月份）开始补光，每周增加 0.5～1 小时，直到每日 16～16.5 小时。应采用较强光照度，建议每平方米 30 勒克斯。

蛋鸡生态养殖主要目的是提高蛋品质，让鸡只在外界环境中采食昆虫、牧草和其他可食之物。应根据放牧地的大小、牧草和昆虫资源、饲养量进行分栏，采取定期轮牧的饲养方式，一般划分 3 个区域，每 10 天换 1 片。

二、特点

（一）符合动物福利

目前，动物福利越来越受到重视。生态养殖遵循自然和谐的规律，保证禽类生理与生态平衡增长，符合动物福利要求，为产品打入欧美高端市场提供了可能。

（二）环境好，疫病少

传统的庭院散养鸡不但对居民环境形成污染，而且鸡本身疫病威胁也很大。另外，采食环境及食物质量无安全保证，鸡蛋产品有可能成为某些有害物质的聚集体。丘陵、山区

生态养殖具有得天独厚的条件，其远离居民区，环境优美、无污染，相对封闭利于防疫，所以鸡只健康，疫病少，节省饲料，减少用药，为生产安全的高质量鸡蛋产品提供了条件。

（三）产品质量高，市场前景好

丘陵、山区生态养殖蛋鸡，补饲的是优质安全的全价饲料，放牧采食野外昆虫、草籽、树籽、野草，鸡蛋口感好、纯绿色、无污染、无公害，属于安全放心食品，满足高端市场需要，前景广阔。山场散养蛋鸡的鸡蛋价格一般比纯舍饲的鸡蛋价格高1倍以上，在中国传统节日如春节、端午节期间甚至高出更多。

（四）投入少，效益高

生态养殖鸡舍及设备虽然也需要满足鸡只生长及产蛋环境条件，但其投入比笼养鸡少得多。通过放牧采食天然饲料，节省饲料及药物费用，再加上产品质好价高，所以效益显著。近几年来，山场散养蛋鸡已成为山区农民脱贫致富的一条好路子。

三、成 效

丘陵、山区蛋鸡生态养殖技术规范了散养鸡的养殖方式、方法，确保了鸡蛋产品的质量及安全，在实际应用中取得了显著成效。既可利用山区农村闲散劳动力进行小规模养殖，又可将散户集中起来进行产供销一条龙式的品牌化生产经营。辽宁省东部山区养殖户利用当地丰富的山场资源进行蛋鸡生态养殖，已成为致富的主要途径之一。饲养的品种不但有高产蛋鸡，而且还有辽宁地方品种大骨鸡，因为大骨鸡蛋已在当地形成了品牌，再加上生态养殖方式，产品质量更高，消费者更认可，成为许多机关单位的内部福利专供鸡蛋。河北、内蒙古、湖北、黑龙江等地也有类似的生态养殖，均取得了良好效果，说明生态养殖前景广阔，正成为蛋鸡养殖的重要生产方式之一。这种养殖方式合理利用了天然资源，良好的环境促进了蛋鸡健康及生产性能的发挥，而生态养殖又有效地保护了环境，达到环境友好型效果；符合鸡只的生物学特性及动物福利要求，防疫条件好，产品无有害残留，安全性高；用优质补饲料、采百草、食昆虫、呼吸新鲜空气、喝天然矿泉水，通过有机产品认证成为可能，使鸡蛋真正成为生态产品，满足社会特定消费群体的高端需要；解决了农村闲散劳动力的就业问题，养殖效益好，促进了农民增收。

四、案 例

刘洪胜大骨鸡散养场建于2009年，位于辽宁省庄河市光明山镇小营村前刘屯，地处荒山岚，远离村镇，环境优美。不但有成片的山林，还有平坦的草地，气候湿润、植被良好。鸡舍建在山南坡较平整的位置，共计130平方米，其中，育雏舍30平方米，鸡舍及设备总投资约4万元。由于当地是大骨鸡主产区，大骨鸡蛋远近闻名，许多客户慕名而来，散养大骨鸡蛋就更受欢迎了，所以，刘洪胜选择大骨鸡进行生态养殖。日常由1人管理，每批饲养量为1000只母鸡，另配50只公鸡。由于大骨鸡开产日龄较高产蛋鸡晚，开产日龄约170天（5%产蛋率），所以育雏时间选择在9月份左右，来年3月份以后大批开产。雏鸡来源于有信誉的大骨鸡种鸡场,育雏在舍内进行,秋末冬初进入育成期放牧 2 个月左右,天气寒冷时舍饲,育雏期及育成后期以全价料为主,中期据放牧采食情况适当减少补饲量。翌年 3 月份进入产蛋期,开始放牧散养。产蛋期间采用自配全价料,补料量平均每天每只鸡 125 克左右。由于大骨鸡及其鸡蛋品质好,所以,销售情况良好。至 11 月末淘汰时成活率 90%,平均产每只蛋 130 枚,鸡蛋价格平均每枚 1.5 元左右,市场好时还卖种蛋。淘汰鸡价格母鸡每千克 11 元、公鸡每千克 16 元。每批利润为 3 万~4 万元(图 6-1~图 6-8)。

图 6-1 补喂饲料

图 6-2 产蛋窝设置

图 6-3 鸡群放牧

图 6-4 鸡舍全貌

图 6-5 放牧围网

图 6-6 舍内栖架

图 6-7 集中育雏

图 6-8 舍外遮阴棚

(周孝峰)

第二节 蛋鸡153标准化养殖模式

一、概 述

在当前农村社会生产力发展水平条件下，农户从事蛋鸡生产存在资金有限，养殖观念落后等缺陷，导致农户中小规模的蛋鸡生产存在以下突出问题：一是养殖规模小、规模化程度低。二是蛋鸡生产以手工作业为主，劳动效率低。三是生产设施简陋，鸡舍内小环境控制能力低下，生产布局不尽合理，养殖环境脏、乱、差，蛋鸡生产水平低。四是由于鸡舍内小环境控制能力低下及养鸡设施简陋，加之生产中育雏育成与蛋鸡饲养不能做到有效隔离，普遍存在着"小而全"的生产经营方式，蛋鸡生产中疾病防控难度大，鸡群死淘率高。五是鸡群常处于恶劣环境中生存，导致鸡群常处于亚健康状态，鸡群抗病力下降，生产中广泛使用抗生素防控疾病，蛋品质量存在安全隐患。六是随着养鸡生产的饲料、劳动力成本等不断提高，养鸡生产的成本支出增加，但劳动效率低、生产水平低、鸡群死淘率高等，农户饲养蛋鸡的经济效益不高。农户蛋鸡生产方式落后已经成为制约我国蛋鸡生产发展的重要因素。现阶段我国农户粗放式饲养蛋鸡，通常蛋鸡500日龄只平均产蛋16千克左右，产蛋期蛋鸡死淘率13%～15%，料蛋比（2.4～2.5）：1，这样的生产水平在高成本下很难获利。我国蛋鸡的生产水平与国际先进水平存在较大差距，我国蛋鸡产业的整体素质亟待提高。

要提高农户的蛋鸡生产水平、养殖效益和蛋品质量安全水平，就必须转变粗放的生产经营方式，大力推广蛋鸡的标准化生产和先进的养殖模式。

推广蛋鸡的标准化生产和先进的养殖模式，必须与现阶段社会生产力发展水平相适应。从这一客观要求出发，"蛋鸡153标准化养殖模式"以农户中小规模蛋鸡生产为对象，以规模化结合机械化、规范化为手段，要求家庭式农户蛋鸡养殖，一栋鸡舍饲养蛋鸡5000只以上，实行喂料机、清粪机、湿帘风机三机配套。

这一养殖模式强调的重点：一是适度规模。从国内外蛋鸡产业的发展经历看，蛋鸡生产的规模化、集约化程度反映了蛋鸡产业的基本素质。蛋鸡生产的规模化是推行标准化养殖的前提。对于我国蛋鸡产业而言，当前特别需要培养一大批职业化蛋鸡生产经营者，以提高农户蛋鸡养殖的规模化程度和产业的整体素质。同时，强调适度规模经营，不仅可提高劳动效率，而且便于推行先进饲养模式所必须的养殖配套设备，降低蛋鸡生产的每只鸡平均固定资产投资。农户从事蛋鸡养殖，一般资金、土地有限，在这种情况下，推荐一栋鸡舍饲养规模5000只以上，10000只左右，这与现阶段我国农村社会生产力发展水平相适应。二是推行专业化生产。模式推荐两段式饲养、专业化生产，实行社会化集中育雏育成和农户专门化商品蛋鸡饲养。农户由于资金有限，在从事蛋鸡养殖中，可通过龙头企业或专业合作社开展社会化集中育雏育成提供育成鸡，农户只从事专门化商品蛋鸡饲养。这种先进的生产工艺不仅使农户从事蛋鸡生产可有效做到以场为单位的"全进全出"，有利于生产中的疾病防控，同时农户可将有限的资金全部用于扩大蛋鸡饲养规模和进行必要的设施设备配套，从而提高规模化程度和蛋鸡产业素质。三是实行标准化养殖设施、设备配套。作为农户蛋鸡生产，目前适宜配套的设备主要有：喂料机、清粪机、湿帘风机。这"三机配套"是现阶段我国农户蛋鸡标准化生产的重要体现，也是蛋鸡生产中所必需的关键配套设备。另外，从有利于疾病防控和提高生产水平出发，结合不同地区的气候特点，推荐封闭式鸡舍结合三机配套的标准化饲养工艺，做到生产环境可控。封闭式鸡舍结合三机配套的标准化饲养工艺，劳动效率比传统粗放饲养提高 1 倍以上，并且鸡群疾病少、生产水平高、蛋品质量好。四是强调综合配套技术的组装集成。模式强调了蛋鸡生产须把握好优良品种＋设施装备＋精心管理＋品质保障四个关键要素的集成组装配套。这四个要素在蛋鸡生产中缺一不可，只有这样才能实现蛋鸡生产的优质、高产、高效、安全。为了便于标准化养殖模式倡导的关键技术在生产中推广应用，模式图列举了关键技术组装集成的主要内容，如主推品种、鸡舍与生产方式、养殖设备配套、鸡舍简易设计、饲养管理要点、疫病防控要点、"放心蛋"关键控制要点、蛋品加工与品牌化营销等具体操作环节和技术要点。模式简明扼要、内容丰富、系统完整，具有先进性、实用性和可操作性。

二、特 点

（一）适用对象明确

这一模式主要针对我国农户中小规模的家庭式蛋鸡生产经营者而设计。在三机配套、人工集蛋情况下，一栋鸡舍饲养 5000 只或 10000 只，其规模与一人或夫妇二人的劳动定额相适应，可使劳动者成为职业化蛋鸡生产经营者，提高劳动效率。

（二）适宜大规模推广

模式采用的生产工艺和设备均为现阶段蛋鸡生产的成熟技术，通过集成组装而成为中小规模蛋鸡生产的标准化生产模式，具有投资小、易推广的特点。如采用 390 型蛋鸡笼，建设一栋 5000 只规模的鸡舍，鸡舍占地约 467 平方米，设备加鸡舍投资约 17 万元左右。建设一栋 10000 只规模的鸡舍，鸡舍占地约 933 平方米，设备加鸡舍投资约 32 万元左右。这样的资金、规模一般农户可以承担，便于养殖模式在大范围推广应用。

（三）生产水平高

在封闭式鸡舍情况下，一般 500 日龄鸡群平均产蛋 300 枚以上，料蛋比（2.17～2.2）:1，蛋鸡死淘率 8% 左右，只平均年产蛋 19～19.5 千克，比简陋粗放式饲养的蛋鸡多盈利 10 元以上。这样的生产水平，可使我国农户中小规模的蛋鸡生产，在投资不多的情况下，达到国际上蛋鸡生产的先进水平。这一模式大面积推广应用后，对提高我国蛋鸡产业的整体素质将产生重大影响。

（四）鲜蛋品质好

推行社会化集中育雏育成、蛋鸡专门化饲养工艺，加上封闭式鸡舍加三机配套，这种生产方式不仅有利于蛋鸡高产，而且生产环境可控，鸡群健康，也有利于疫病防控，生产的鲜蛋品质好。如在湖北地区推行的农户封闭式鸡舍饲养，通常夏季鸡舍温度可控制在30℃以内，冬季达13℃以上，加上机械通风换气，鸡舍空气新鲜，鸡群生活的愉快，鸡群抗病力较强，生产中较少使用抗生素预防疾病，蛋品抗生素残留少，蛋壳鲜亮，蛋的内在品质高。

三、成 效

湖北作为国内新兴的蛋鸡养殖大省，自2008年开始探索农户蛋鸡标准化养殖模式，之后研究编制出"蛋鸡153标准化养殖模式"。于2009年召开了全省蛋鸡标准化养殖模式推广现场会,开始在全省组织推广蛋鸡153标准化养殖模式。由于推广应用该模式效果显著，这一模式一经推出，得到了蛋鸡养殖户的广泛响应和好评，使蛋鸡153标准化养殖模式在全省快速普及。到2011年底，全省共推广蛋鸡153标准化养殖模式3574户，建成153模式鸡舍8607栋，另在建716栋，共饲养蛋鸡约5533万只，占全省蛋鸡生产的49.02%。经调查，蛋鸡153标准化模式饲养蛋鸡与传统简陋粗放式生产相比，只平均年多产蛋1.67千克，产蛋期90%以上产蛋率多29天，高峰期产蛋率高2.53个百分点，淘汰时的产蛋率仍达81.66%。饲料利用率提高，每生产1千克鲜蛋少消耗饲料0.23千克，产蛋期蛋鸡死淘率低5.46个百分点。2011年153模式饲养蛋鸡每只平均比传统粗放饲养多获得纯收益12.89元。全省推广此模式，2011年增产鲜蛋9.24万吨，少死蛋鸡302.15万只，为农民增收7.13亿元。年节约24.44万吨饲料资源。此外，在推广蛋鸡153标准化养殖模式的同时，还积极推广了社会化集中育雏育成、农户商品蛋鸡专门化养殖的专业化生产工艺，全省蛋鸡社会化育成占蛋鸡年更新的44.54%，加上生产方式先进，显著降低了蛋鸡养殖的疫病流行，促进了全省蛋鸡规模化养殖水平的进一步提高。目前全省饲养万只以上蛋鸡占蛋鸡存笼的63.35%，这一规模化程度在全国领先。500日龄蛋鸡153标准化养殖模式与传统饲养比较见表6-1（各4栋观察，153模式4栋共3.78万只；传统饲养4栋1.65万只）。

表6-1 500日龄蛋鸡153标准化养殖模式与传统饲养比较

主要指标	153模式	传统饲养	比较
90%以上产蛋（天）	175	146	29
最高产蛋率（%）	96.48	93.95	2.53
每只日产蛋量（克）	52.32	47.77	4.55
平均蛋重（克）	63.57	62.24	1.33
料蛋比	2.18	2.41	-0.23
死淘率（%）	7.37	12.83	-5.45
每只平均产蛋（枚）	302	281	21
每只平均产蛋量（千克）	19.2	17.53	1.67
每只保健费（元）	1.57	2.03	-0.46

注：传统饲养为砖墙＋石棉瓦有窗鸡舍，自然光照、自然通风、人工喂料、人工集蛋、机械清粪。153模式为砖墙＋彩钢保温屋顶的封闭式鸡舍，喂料机、清粪机、湿帘风机三机配套，人工集蛋

四、案 例

湖北省浠水县散花镇禹山鸡场，业主戴小方，采用的是封闭式鸡舍加 3 机配套的蛋鸡 153 标准化养殖模式，鸡舍四列五走道，三层阶梯式笼养，饲养罗曼粉壳蛋鸡，鸡舍夏季温度一般 30℃ 以内，冬季温度 13℃ 以上。鸡舍小气候环境可控，鸡群生产水平高，饲养经济效益好。该鸡舍每栋饲养蛋鸡 10449 只，2010～1011 年一批蛋鸡淘汰日龄 523 天，从 19 周龄开产到淘汰产蛋时间为 389 天，达 90% 以上产蛋 178 天，最高产蛋率 96.74%，产蛋期（389 天）每只平均耗料 44.46 千克，日耗料 114.3 克。饲养期药物开支每只平均 1.72 元。总产蛋 323 枚，每只平均产蛋 20.56 千克，日产蛋 52.84 克，平均蛋重 63.64 克，料蛋比 2.16∶1。产蛋末期蛋鸡存活 9632 只，死淘 817 只，死淘率 7.82%，淘汰时（522 日龄）产蛋率 82.43%，每只平均支出 139.05 元，收获 175.26 元，每只平均收益 36.21 元。该场 2009～2010 年期间，自己饲养蛋鸡 3 万只，另为社会集中育雏育成青年鸡 24 万只，全场年抗生素使用量不超过 1.5 万元。由于鸡群健康，加上管理上每天由专人负责清洁笼具，生产的鲜蛋外观鲜亮，蛋的品质好，每箱鲜蛋批发价格比其他的一般价格高 6～7 元（图 6-9～图 6-16）。

图 6-9 湖北省蛋鸡
153 模式图

图 6-10 农户建设的
153 鸡舍

图 6-11 农户建设的
153 鸡舍

图 6-12 农户建设的
153 鸡舍

图 6-13 专门化集中
育雏育成鸡舍

图 6-14 三机配套的
鸡舍内观

图 6-15 封闭式鸡舍 +
153 模式鸡舍内观

图 6-16 湖北省召开的蛋鸡
153 标准化养殖模式推广大会

（李朝国）

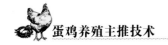

第三节 规模化生态养鸡553养殖模式

一、概 述

生态养鸡就是遵循生态学原理，运用现代技术，通过人工设计的养鸡模式，达到养鸡生产与生态环境的和谐共处，从而获较好的综合效益。在发达国家，目前动物福利、有机食品大行其道。生态养鸡有的国家叫自然养鸡法，有的叫有机农业。生态养鸡生产的鲜蛋、活鸡，其价格通常是集约化舍饲禽产品的 3～4 倍。生态养鸡是目前国内外高端禽产品生产的主要方法。国内外禽产品消费需求的多元化，要求家禽生产结构多元化。随着我国国民收入的不断增长，生态养鸡生产的高端禽产品的市场需求将不断增长。从目前和今后国内外禽产品消费的现状和趋势看，发展生态养鸡市场前景广阔，而作为家禽产业，一个没有高端禽产品的产业也是一个不完整的家禽产业。大力发展生态养鸡，对于有效利用自然资源，促进农民增收致富，满足市场高端禽产品供应均具有十分重要意义。

按照生态养鸡的基本规律，从有利于维护生态平衡和保障禽产品品质出发，规模化生态养鸡 553 模式的内涵：一群鸡数量不大于 500 只，1 亩地饲养量不大于 50 只，饲养日龄 300 天左右。这一模式主要针对规模化放牧养鸡，以生产鲜蛋和活鸡为对象。生态养鸡不只是简单地对鸡群实行放牧饲养，必须注重把握好适宜的群体规模、饲养密度、放牧时间、鸡舍间隔距离、合理补料和合理的上市日龄等。

① 一群鸡数量不大于 500 只，主要是根据鸡的生物学特性，从提高生态养鸡产品品质出发而设定的。要提高生态养鸡的禽产品品质，必须使鸡群有足够的放牧空间，让鸡群充分采食牧草、昆虫，并通过减少饲养密度，提供新鲜空气，减少各种应激，让鸡群生活得愉快，从而生产出高品质产品。放牧养鸡的鸡群活动半径多在 150 米内，如果群体数量过大，远的地方鸡群很少去觅食、活动，而鸡舍周围则产生放牧过度，往往形成不毛之地，既达不到生态养鸡的预期效果，也不利于养鸡与环境的和谐共处。

② 1 亩地饲养数量不大于 50 只，这主要是考虑实行放牧养鸡的荒山、林地、草地等植被的承载能力，如果放牧鸡数过多，则鸡群从自然界中得不到食物补充，仅靠人工补充饲料生存，不仅对降低生产成本、对改善禽产品品质不利，而且改变了生态养鸡的鸡群与环境互为依存的关系。

③ 国内生态养鸡饲养的品种多为地方品种或地方改良鸡种，兼顾生产优质鲜蛋，饲养日龄 300 天左右淘汰较为合理。地方鸡种或地方改良鸡种产蛋性能相对低，饲养至 300 日龄左右时，每只平均产蛋 110 枚左右，其产蛋高峰期已过，再延长饲养则一是产蛋量减少，就巢鸡增多；二是随着饲养期延长则鸡的羽毛开始脱落，鸡的个体外观差，影响老母鸡出售时的收入；三是延长饲养期则母鸡脂肪沉积增多、肉的品质下降。实践证明，生态养鸡以生产优质鲜蛋兼顾优质活鸡销售，300 日龄淘汰是获取经济效益的最佳结合点。

发展生态养鸡根据各地的经验，需要注重以下几点。

① 饲养品种为土鸡或改良土鸡，这是我国生态养鸡与发达国家的不同特点。在国内，

即使是生态养鸡生产的禽产品，如果禽产品的外貌特征与地方鸡种不相符，消费者也很难接受。

② 把握适宜的鸡群上市日龄和产蛋期。优质活鸡饲养期须达到 130 天以上，生产优质鲜蛋的鸡群饲养期 300 日龄左右、产蛋期 5 个月左右为宜。

③ 前期舍饲，后期放牧。鸡群 60 ～ 70 日龄前可实行舍饲，实行集中育雏育成，并喂给全价饲料促进其生长发育，待鸡群体质强壮、对外界适应能力增强后，可于 70 日龄后实行生态放牧饲养。在生态放牧饲养期内，除特殊灾害性天气外，每天放牧时间不应少于 8 小时。

④ 小群分散饲养。让鸡群有足够的活动空间，除每群鸡和每亩饲养只数不能太多外，鸡舍间隔距离宜保持 100 米以上。放牧场地充足的，还可多建鸡舍，实行批次种草轮牧则效果更好。

⑤ 放牧场地为果园、茶园及其他农作物种植地的,喷洒农药后的禁牧期应不少于 7 天。

⑥ 生态养鸡的禽产品作为高端禽产品，在国内目前没有统一认证的情况下，生产经营者须注重产品的品牌打造，实行品牌化经营，从而实现优质优价。

⑦ 根据生态养鸡生产经营特点，生产组织形式宜专业合作社 + 农户开展，这样有利于充分利用自然资源，扩大生产规模，实行品牌化经营。

二、特 点

（一）投资少，效益高

集约化养鸡是资金密集型生产，而生态养鸡是资源利用型生产，因此发展生态养鸡的基础设施建设所需资金较少，但生产的产品市场价高俏销，效益较好。通常生态养鸡生产活鸡兼顾产蛋，饲养到 300 日龄左右时，一只鸡生产成本 70 ～ 80 元，而收入则在 130 元以上，平均效益 50 元左右，如实行品牌化经营，则效益更高。一个农户如饲养 4 ～ 5 群鸡，饲养量 2000 只产蛋母鸡，一年可收入 8 万～ 10 万元。

（二）适用范围广泛，各地均可开展

草原、林地、荒山、果园、茶园等，只要有足够的放牧场地均适宜发展生态养鸡。生态养鸡可除草除虫，并从自然界获取部分饲料，降低生产成本，鸡粪可为植物提供肥料，并减少作物喷施农药，鸡群与环境互为依存，相得益彰。

（三）模式成熟度高

该模式是在总结国内各地多年开展生态养鸡的经验基础上，并结合国外对有机农业和自然养鸡法等的有关要求加以提炼形成的，其核心是坚持小群分散的原则，前期舍饲、后期放牧；放牧为主、合理补料;适时上市，品牌化经营。模式所列出的每群鸡不大于 500 只、每亩不大于 50 只是基于一般情况下而设定的上限，如果放牧场地植被有限，群体的数量和每亩饲养数量还应进一步下调。

蛋鸡养殖主推技术

（四）需要配套措施支撑

生态养鸡配套的主要技术措施：一是放牧地和环境应符合无公害养殖要求。二是配套必要的生产设施，如鸡舍、光照、喂料、饮水、产蛋等设施。三是建立相适宜的免疫接种程序，重点防控新城疫、法氏囊、传支、马立克、禽流感、鸡痘。四是放牧养鸡鸡群易感染寄生虫，放牧期应开展 2 次驱虫。五是掌握正确的补料方法。一般清晨少补料，傍晚多补料。补料质量应根据放牧场地的自然资源情况和季节不同，确定补料的蛋白、能量水平。六是有看护鸡群的措施，防止兽害与被盗。为此可在鸡舍旁边拴狗、养鹅等协助照看鸡群。

三、成 效

为了满足市场对土鸡、土鸡蛋的需求，湖北省在大力发展专门化商品蛋鸡生产的同时，结合湖北地区的自然条件优越，适宜发展规模化生态养鸡的情况，全省各地积极探索了不同形式的生态养鸡。通过近几年的不断总结，探索出了规模化生态养鸡 553 模式。目前，全省各地发展势头良好，据不完全统计，全省从事规模化生态养鸡的专业合作社有近百个，全省按照生态养鸡 553 模式饲养的蛋鸡 2500 万只，年生产生态鸡蛋约 10 万吨，出笼生态土鸡约 5000 万只。生产的生态禽产品，除满足本省需要外，还供应上海、杭州、宁波、香港等地。开发出土鸡、土鸡蛋品牌 30 多个。为了适应社会对生态养鸡的供种需要，省内有 2 个育种公司分别对地方江汉鸡进行了选育开发，培育出绿壳型、粉壳型的三系配套改良土鸡，受到了生产者的欢迎。

为了加强生态养鸡技术的推广，2010 年省畜牧主管部门召开了全省 300 人参加的生态养鸡模式推广现场会，进一步推动了生态养鸡的发展。近期省家禽业协会还制定了生态养鸡生产方式认定办法，以规范生态养鸡生产。省内涌现出了一批规模大、生产管理规范的生态养鸡专业合作社。农户把发展生态养鸡作为致富的主要途径，饲养一只生态母鸡，300 日龄左右收益可达 50 元左右，获得了较好的经济效益和社会效益。

四、案 例

湖北省蕲春县李时珍禽畜合作社，是一个专门从事生态养鸡的专业合作社。合作社成立于 2008 年，实行"合作社 + 基地 + 社员"的经营形式，开展规模化生态养鸡 553 模式的示范推广。到目前为止，合作社发展县内外入股社员 261 户，入股资金 300 万元，合作社固定资产 680 万元，养殖土鸡共计 31 万只。

合作社采取统一供应土鸡苗、统一饲料、统一提供生产技术指导、统一收购标准、统一品牌销售的方式，有效的解决了农户发展生态养鸡的矛盾，为养殖户创造了一条投入小、风险小、效益好的生态养鸡发展模式，深得合作社社员欢迎。其主要做法如下。

① 统一集中育雏育成，供应青年土鸡。合作社以蕲春时珍濒湖生态养鸡园为基地，建标准化育雏、育成鸡舍 6 栋，平均每栋 600 多平方米，专门为社员开展集中育雏育成。待青年鸡养到每只 0.35 千克左右时，再发给社员分散到各地按 553 生态养鸡模式进行饲养。由于集中育成后再实行生态饲养，鸡的抗病力和适应能力强，育成的青年鸡到农户后

至300日龄左右出售母鸡,其存活率一般高达95%。

② 建立生态养鸡示范基地。合作社租赁山地67万平方米,水面8万平方米,建立时珍濒湖山养土鸡园。到目前为止,基地已完成投资580万元,已建标准化育雏、育成鸡舍6栋。从日本引进光叶楮5.8万棵,为生态养鸡提供青饲料。在林中修建生态养鸡鸡棚120个,并配套办公室、兽医室、孵化室、蛋品仓库、包装车间等设施,实现生态养鸡5万余只,年育成青年鸡50万只的生产能力,为社员发展生态养鸡提供支撑。

③ 统一技术服务与养殖模式。合作社理事长董以良向社员公开承诺3点:你养鸡怕死,我来防;你不会养鸡,我来教;你担心产品销售,我来收。合作社实行统一的养殖模式、品种、饲养管理、生产标准,保障了禽产品品质。

④ 统一产品销售。几年来合作社除在县城开办了生态养鸡产品专卖店外,还分别在上海、杭州、宁波、温州和黄石等大中城市建立了产品直销网点。

⑤ 统一打造品牌。2009年合作社生产的土鸡、土鸡蛋成功登记注册为"时珍濒湖"牌商标。2008年合作社养殖基地和产品通过了农业部无公害产地和产品认证,2011年产品通过了国家有机食品认证,使合作社的生态养鸡产品有生产标准、全国统用条码和标示标签。由于产品质量高、品牌效应好,合作社生产的生态土鸡、土鸡蛋深受市场欢迎,产品长期供不应求(图6-17～图6-22)。

在合作社的带动下,蕲春县檀林镇军山村农民徐和平2009年开始发展生态养鸡,当年养殖5000只,生产的土鸡蛋每枚0.8～1元、土鸡每千克30～32元的价格由合作社统一收购销售,年获利20多万元。浠水县丁司垱镇黄龙山村岑六一,2010年入社开始生态饲养土鸡3000只,该批鸡获纯利12万多元。

图6-17 适宜推广的
地方鸡种

图6-18 生态养鸡的
简易鸡舍建设

图6-19 生态养鸡的鸡群及鸡舍

图6-20 生态养鸡的鸡群及鸡舍

图6-21 实行小群分散饲
养的鸡舍间隔

图6-22 70日龄前集中育雏

(李朝国)

参考文献

[1] 樊航奇，张敬．蛋鸡饲养技术手册 [M]．北京：中国农业出版社，2000．

[2] 傅先强，石满仓．蛋鸡饲养管理与疾病防治技术 [M]．北京：中国农业大学出版社，2003．

[3] 郭宏伟，徐芹．蛋鸡饲养技术问答 [M]．北京：科学技术文献出版社，2000．

[4] 韩守岭．蛋鸡生产技术问答 [M]．北京：中国农业大学出版社，2003．

[5] 郝庆成．蛋鸡生产技术指南 [M]．北京：中国农业大学出版社，2003．

[6] 黄仁录，郑长山，蛋鸡标准化规模养殖图册 [M]．北京：中国农业出版社，2011．

[7] 黄仁录，蛋鸡标准化生产技术 [M]．北京：中国农业大学出版社，2003．

[8] 金光钧，等．蛋鸡良种引种指导 [M]．北京：金盾出版社，2003．

[9] 廉爱玲，等．蛋鸡规模饲养配套技术 [M]．济南：山东科学技术出版社，1997．

[10] 廖纪朝，等．蛋鸡蛋鸭高产饲养法 [M]．北京：金盾出版社，2002．

[11] 林伟．蛋鸡高效健康养殖关键技术 [M]．北京：化学工业出版社，2009．

[12] 刘月琴，张英杰．新编蛋鸡饲料配方 600 例 [M]．北京：化学工业出版社，2009．

[13] 罗函禄．蛋鸡生产关键技术 [M]．南京：江苏科学技术出版社，2000．

[14] 彭秀丽，邓干臻．蛋鸡饲养关键技术 [M]．广州：广东科技出版社，2004．

[15] 佟建明．蛋鸡无公害综合饲养技术 [M]．北京：农业出版社，2003．

[16] 王海荣．蛋鸡无公害高效养殖 [M]．北京：金盾出版社，2004．

[17] 项可宁，等．蛋鸡饲养及疾病防治技术问答 [M]．长沙：湖南科学技术出版社，2003．

[18] 徐桂英．蛋鸡高产饲养新技术 [M]．辽宁：延边人民出版社，2002．

[19] 许建民，韩晓堂．蛋鸡高效饲养与疫病监控 [M]．北京：中国农业大学出版社，2003．

[20] 岳道友，郁合稳，等．蛋鸡高效益养殖 [M]．北京：化学工业出版社，2011．

[21] 臧素敏，孙继国．蛋鸡笼养高产新技术 [M]．北京：中国农业出版社，2001．

[22] 曾立文．蛋鸡高效养殖短平快 [M]．北京：中国致公出版社，2000．

[23] 赵志平．蛋鸡饲养技术 [M]．北京：金盾出版社，2004．

[24] 赵志平，等．蛋鸡高效益饲养技术 [M]．北京：金盾出版社，2003．